揭密古生物科普系列丛书

化石真相

Exploring the World of Fossils

206块骨头之外的生命传奇

封印入石的生命印迹，
记录着远古悠长的演进传奇，
翻开尘封的日历，
拉近远古与现实的距离，
让今人体味昨日的沧桑与壮丽，
了解生命变迁的秘密。

航空工业出版社
北京

前言

Foreword

那些远去的物种如今封印入石，在地壳中随着岩石翻来覆去，一小部分得以露出地表，与世人见面。它的问世便先天了一种神秘的色彩。但古生物学——这门关于化石的学科，它离我们并不遥远！

My God!居然摩根财团、迪斯尼、麦当劳，甚至FBI、克林顿总统，都与化石有牵连？

当你吃鸡的时候，你是否会认真找出那根如愿骨，幻想一下恐龙演化为鸟类的飞天一瞬？当你悠然于银杏树下、品尝着蕨菜的时候，能想到那也曾是亿万年前恐龙、古鸟、古兽赖以生存的美味佳肴？当你追打“小强”的时候，你是否知道蟑螂已经在地球上活动了3亿多年？可否想过，透过它们的眼睛可看遍沧海桑田？当你使用高露洁牙膏的时候，是否会想到，是高露洁家族赞助了发现第一枚恐龙蛋的中亚考察？你悠然地喝着法国Limoux地区的美酒时，是否会联想到，那里也曾是葡萄园龙的天堂！

甚至，让我们共同幻想一下：我们家的后院曾经住过谁呢？……

2006年，蒙《新京报》厚爱，邀请我在该报开设古生物专栏，对公众诉说古生物学的种种乐趣，介绍古生物中极具代表性的物种，物种发现背后的名人逸事。开栏以后，受到了很多读者的热情欢迎，使我感动之余也倍受鼓舞，有这么多对古生物感兴趣的朋友，我的工作也会凭添更多动力。此次受航空工业出版社之邀，将已发表之全部内容结集出版，配上图片，以飨更多的读者朋友。

这个专栏仍在继续，这套图书也会相应延伸，透过这专栏、这书，我期待古生物学能成为你们其中一些人的生活方式，直到最后，当你修炼到凡是吃到任何可能保存为化石的骨头时，都会不自觉地留下个牙印，那我就达到我“不可告人”的目的了。

Exploring Paleontology Series of Science Popularizatio

Contents 目录

Exploring Paleontology Series of Science Popularization

PART 1 寻骨记

职业古生物学家最需要什么？

骨头，石化的骨头。

古生物学是一门材料科学，没有化石，再高的修为也是永不落地的空中楼阁。而且古生物学家都有个臭脾气，谁找到的化石就归谁研究，你平白无故要来研究我的标本？除非我死了。

第一乐章

金钢

职业古生物学家最需要什么？

骨头，石化的骨头。

古生物学是一门材料科学，没有化石，再高的修为也是永不落地的空中楼阁。而且古生物学家都有个臭脾气，谁找到的化石就归谁研究，你平白无故要来研究我的标本？除非我死了。

▶孔子鸟化石

但也不是每位古生物学家都能成功找到骨头的。在 19 世纪 70 年代，著名的骨头大战(The Bone Wars，两派科学家为了争夺骨头而互"掐"的诸多战役合集）中，著名古生物学家马什就是一个典型。马什是个离群索居的书呆子，衣冠楚楚，留着整齐的胡子，极少去野外工作，去了也基本找不到化石。比如他去怀俄明州参观著名的科摩断崖，却压根没注意到一块化石，即使那里的化石基本就是俯首可拾。

◀本书作者邢立达（绘图/赵亮）

但马什有的是钱，富可敌国的摩根财团掌门人皮博迪是他的叔叔。皮博迪在耶鲁大学给侄儿盖了个博物馆，用来装满他看得中的任何东西。我的印象中，现在古生物圈内好像没有这号幸运儿，所以大家还是需要自己出去找骨头，我也不例外。

▲建在耶鲁大学内的马什的博物馆"Mash Hall"

"工欲善其事，必先利其器"，化石的挖掘是一件相当专业的工作，拥有整治精良的工具进行科学有效的控制，必会起到事半功倍的效果。与侠客渴求一把切金断玉、削铁如泥的宝剑一样，我一直期待着一把得心应手的地质锤降临。

上次在云南禄丰的野外作业中，我首次见识到一种叫"Estwing"的地质锤，翻译过来可以叫"信誉之翼"，其优点在于"一体化"的手柄和锤头，而且都采用了特殊的硬化钢制造，非常坚固耐用。但价格也合理地上扬，平刃锤约40美元，尖刃锤约30美元，更糟的是，国内很难买到，一般都要东托西托才能从"花旗国"搞到。

待到上世纪末一天，老友Joe从大洋彼岸发来电邮，道是相中了我的一个多功能指南针，欲用一把Estwing锤换取。我大喜，就这样完全不费工夫得到一把顶级的专用挖掘装备。苦等半个月，锤子取来，竟然是旧的！

Joe对此解释是"此把名叫King Kong（金钢）的老锤随他10年，刨龙无数，其中还包括一只暴龙"。就像一把宝剑，杀人无数，其中还包括一位皇帝，就不是普通的宝剑。我明知这老鬼根本就是喜新厌旧欲买新锤，可难得他这么会抛高帽子，罢了。

第二乐章

钱柜

自从有了金钢大锤，我每次出野外都信心百倍，怕什么？我有最好的锤子，还是一把刨暴龙的锤子！

当然，锤子固然好，但它需有用武之地，这要我能够发现化石，这才是问题所在。

记得一位前辈说过：“你能不能从一堆石头中分辨出化石？记住那湿润而独特的味道和触感吧。”言下之意，就是要你“亲自去舔一舔，因为化石尝上去有一股酸涩的味道，而且还有点粘舌头”。

请记住，这是古生物学家忽悠挖掘志愿者或者媒体记者的最爱招数！看着别人小心翼翼伸出舌头去舔化石的时候，你在专家嘴边定会看到一丝诡异的微笑。其实啊，用手蘸点口水摸一摸就行了，粘不粘，手自知。

◀中国古生物学的奠基人，杨钟健院士的雕像

另外还有一个办法，你可以找一条狗狗。这不是灵感突至，很久很久以前，苏联人就训练狼狗来帮助人们找到泥土里的矿石；瑞典科学家训练和使用探矿狗，成功地找到了地下 10 多米深处的黄铜矿；多年来，日本的化石爱好者中一直有人用小猎兔犬来协助寻找化石。因为狗的嗅觉超过人的 1200 倍，嗅觉细胞高达 2.2 亿个。在对付恐龙上，狗狗也有辉煌的战绩：1990 年 8 月 12 日，苏珊·亨德里克森在美国南达科他州夏延河畔遛狗的时候，发现了世界上最完整的暴龙化石“苏”。

◀甘肃北部酒泉市肃北县的马鬃山地区，那里是热河生物群西部边缘地带的一个重点。我们历时近两个月，考察了酒泉市10多个化石地点，并选择马鬃山一地点进行了大规模发掘，发现了大量动植物化石，包括棱齿龙类、鹦鹉嘴龙、禽龙类和蜥脚类恐龙以及龟鳖类、哺乳类动物化石等，还有腹足类、双壳类、叶肢介和昆虫以及硅化木、松果等化石

前年一段时间，我闲来无事，打算也弄条狗，说不定也有一段传奇。于是找来一大堆关于狗这方面的书来恶补，但还是没有定下品种。直到在狗场看到一窝小金毛寻回犬（Golden Retriever），才知道它就是我一直想要的，缘分这东西真不是你我决定的。于是买了一只，带回家中，命名为“钱柜”，既符合“贱名字好养活”的习俗，也安抚了我的大俗。

◀钱柜小时候

从3个月大开始，我开始训练钱柜找化石。用的是云南产的禄丰龙肋骨，因为这是我的收藏中与猪排最接近的东西了。而原产苏格兰的金毛寻回犬本身就是工作犬，主要用于发现、捡起野兔和鸟类等猎物并将其衔回，并且不对猎物造成损害或伤害。可我的化石却被弄得伤痕累累，因为它每次找到都会试一下可不可以吃或玩，最后确认是无用才送回给我。朋友们听了都说可能是因为还太小的缘故，不过，没关系，我会慢慢养的。

第三乐章

首遇

“国内认为禄丰龙有两个种，即许氏禄丰龙和巨型禄丰龙。巨型禄丰龙的体形要比许氏禄丰龙大三分之一，脊椎骨更加粗壮。”董老说着跨上一处小土坡，几个快步绕到坡势较缓的一面。“看这里！”他在山坡上面喊道，“有一个颈椎骨，可能是第二段（第一段连接头部），刚露出地面一点点，周围有一颗牙齿！”

这是我1998年，被董枝明教授领到云南禄丰，第一次看到野外状态下的恐龙骨骼化石！与博物馆中的恐龙化石不同，野外的化石让人更加兴奋，每次发现都是一次奇妙无比的体验。在此彩云之南的梦幻龙域，到处是裸露的红土、零乱的小石子、低矮的灌木丛……一种史前荒芜的气味弥漫在空气中，踏着紫红色的地层，轻触云端龙踪，当与化石肌肤相亲前，我已经被此环境所催眠。

▼左一“中国龙王”董枝明，左三是我的好友，日本小学馆出版社的吉川先生

▲戈壁滩上的龟化石

眼前这3块脊椎骨属于禄丰龙，这是该山分布最广泛的恐龙，化石呈赤红色，破损比较严重，但是很干净，这是被当地农民用作农田排水口筑石的缘故。

这里的农民很久以前就把这种脊椎骨当作油灯使用，因为脊椎骨两端都有一个凹孔。早在1938年，地质学家卞美年便由禄丰农民手中的油灯而追猎到这种恐龙。

除这禄丰龙外，这个位于禄丰县还有一个超眩的化石点——川街化石点，7条大小不一、个体都超过10米的川街龙，压死了一条肉食龙，还附送了5个蛇颈龟化石。是不是让你感到困惑，陆地上恐龙怎么会和水生的蛇颈龟呆在一起？这是异地埋藏。这片土地以前很可能是潮湿的沼泽和小山包，有的恐龙深陷淤泥深埋于此，有的则是在上游死亡之后，随着偶发的山洪被冲积到下游，它们和蛇颈龟的残骸掺杂在一起，被泥沙掩盖，深埋于地下，直到现在才重见天日。

◀横跨在两个恐龙足迹之上

▲周忠和教授在新发现的恐龙墓地搜寻

记得川街化石点一号保护房里，我们曾挖掘到一具长18米的川街龙，躺在地上近2米的大腿骨比我还高，蜿蜒的脊椎骨，无不诉说着他生前的庞大，也诉说着灭亡的难以抵御的悲伤，最撼人的是这条川街龙躯干中部还压着一具近7米长的肉食恐龙化石。究竟是埋藏所至，还是生命最后一刻的生死搏击？我不得而知，只道这穿越时空的宿命在眼前重现着，展示着生命的壮美和残酷。

▼川街龙复原图（图片选自航空工业出版社：《恐龙真相》）

第四乐章

果园

视觉的震撼，仅是寻找恐龙化石的漫长过程中，众多鲜美果实中的一颗而已，寻龙最大的甜蜜与乐趣在于发现的过程。印象中最深刻的，应是2004年随古脊椎所辽西队在荒凉的肃北黑戈壁的挖掘。那一次，着实让我盛赞运气这东西。

黑戈壁地区位于天山造山带的东段，其腹地是我们的目的地——布咚湖芦斯泰，一个“有野马、骆驼生活的茂密芦苇地”。挖掘进行了一个多月，那天，戈壁下了一场大雨。大雨是古生物学家的朋友，它能够冲走浮土，有可能把化石展露出地表。

▼去戈壁滩必须经过边防

▲抵达戈壁滩

大本营对化石点的发掘已经进入收尾阶段，石膏包都抬到空地上准备搬运了。所以我与周忠和老师准备到更远的地方转转，看看能不能寻找到新的化石点，往往大雨后会有很多化石被冲出到地表。

在漫无边际的戈壁行走是一件很辛苦的事情，倒不是费力气，而是在的空旷原野上让人觉得没有目标。

不知不觉中，我绑在腰间的沙漠迷彩服掉落在地，过了好久才发觉。不得不硬着头皮回去找，在戈壁沙漠中找沙漠迷彩服是一件忒痛苦的事情啊，循着来时的脚印，我和忠和老师慢吞吞往回走，许久无获。

我低头无聊地看着沙地上闪着黑色光芒的砾石，不经意地抓起一把砂砾，仔细看着，吹去上面的沙土……啊，椎体！居然有一枚小小的恐龙椎体，就在我手上！再仔细看看，周围还有更多，天啊，我们闯进了一个新的恐龙墓地！应该是某种小型角龙类的化石，这些恐龙是群居的，附近肯定有很多，我们从下往上找，顺着雨水冲刷流动的方向寻找……

不一会儿，我们便找到了几十枚椎体，一把肢骨、肩胛骨，还有一个可能是哺乳类的东西。我看到了一个闪亮的黑点，旁边还露出一块构造复杂的骨头。我和忠和老师轻轻地刷去上面覆盖着的沙土，化石渐渐显露原形，一个角龙类恐龙的下颌骨展示在我们面前。一排黑亮的牙齿非常完美！

落日时，我们已经捡到许多零散的骨骼，彼此都十分欣喜，这可是极难得的际遇，忠和老师在圈内数十年，这样的亲历也是第一次。在这梦境般的宝地，捡化石就似在丰收的果园中收获一般，如此让人心动不已，身上满是突至的运气带来的意外惊喜。

◀小型角龙类的颌骨化石

▶戈壁滩的蜥蜴，它可是与恐龙同类的生命呢

PART

恐龙是怎样炼成的

2

许多爬行动物在它们的一生当中是持续成长的，年龄越大，体积越大。这反映在细胞替换上，我们人类，当到达成年时就停止了成长，某些细胞死去不再替换新生，而爬行动物却在从未停止生长的情况下，持续地更替细胞，也就是说，它们一直生长着。所以现在零星发现的一些巨大化石，比如美洲发现的一个高达 2.4 米，约有一扇门那么大的蜥脚类脊椎化石，可能就是某种已知蜥脚类的长寿版，并非什么新品种。

第一乐章

胚胎篇

占据着整个中生代大陆的恐龙品种繁多，各式各样的恐龙都有自己的生活方式。其成长过程错综复杂。不过，如果从宏观入手，恐龙的“流水线”上至少有6个流程：胚胎、发育、求偶、交配、生育和死亡；在微观上，我会按照化石证据来介绍各个细节，力求还原一个最真实的恐龙时代。

▼这些史前大物，是卵生还是胎生的呢？（图片选取自航空工业出版社：《恐龙真相》）

▲发现场面的特写，欧森和安德鲁斯正在查看恐龙蛋，应该都是兴奋不已吧。（摄影 / J.B.Shackelford）

胚胎是生命之始，但最初科学界还在争议恐龙是否卵生。直到 1923 年，美国纽约自然史博物馆第三次中央亚细亚考察探险队出发到蒙古搜集化石。

1923 年 7 月 12 日上午，队员欧森在营地附近发现了世界上第一窝恐龙蛋，激动万分的欧森跑回营地，兴奋不已地对队长安德鲁斯说："恐龙蛋！恐龙蛋！"结果却被大伙嘲笑说他找到的是石土豆。第二天，在欧森的一再坚持下，安德鲁斯才到了化石点，结果他发现这确实是恐龙蛋，而且蛋的主人是原角龙，附带的还有窃蛋龙化石。

这是一次里程碑性的发现，从此我们知道了恐龙确实是卵生的。

▼世界上第一枚恐龙蛋的发现场面（摄影 / J.B.Shackelford）

欧森推倒了第一块骨牌，此后不久，古生物学家在世界各地都发现了各种恐龙蛋，像在中国河南西峡、广东河源两地就发现了数万枚。但恐龙蛋何其多，但蛋中含有胚胎的却极为罕见的。胚胎能告诉我们很多珍贵的信息，比如恐龙最初的发育状况，破壳后的活动能力等。目前各地已发现恐龙胚胎仅有十多种，如原角龙、窃蛋龙、大椎龙、慈母龙、亚冠龙和暴龙类等。

▲产于中国的特暴龙蛋，整个暴龙类也就是特暴龙留下了蛋化石

蛋中挑骨，骨中看龙。

恐龙胚胎在破壳前后有两种情况：一种是出壳后就有了独立生活的能力，如暴龙类、镰刀龙类的慢龙；另一种是出壳后还需要双亲照顾一段时间，如鸭嘴龙类的慈母龙、亚冠龙和赖氏龙。我们判断小恐龙是否能独立生活，主要看幼龙出壳之初的钙化软骨占总数的比例。比如慈母龙与亚冠龙这个比例分别是74%与72%，此外约有10%完全骨化，两种组织间的差距高达7倍，这就是说幼龙的骨骼关节还处于半发育状态，软趴趴的根本无法站立或跑动，只能依赖双亲养育，这时候的幼龙也毫无抵御天敌的能力，全凭运气行走江湖了。

▼窃蛋龙蛋皮特写，仔细的话可以看到上面密密麻麻的气孔

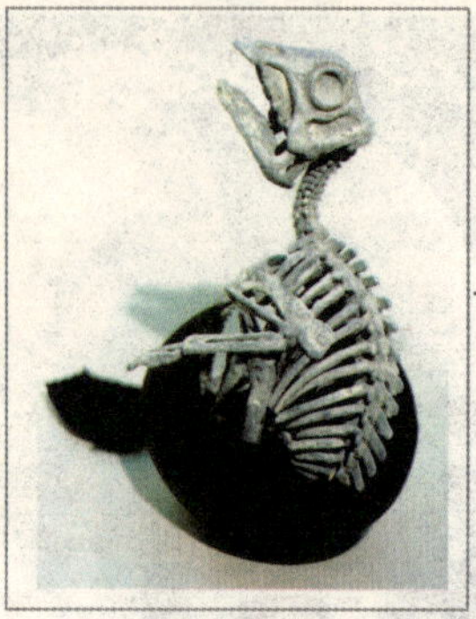

第二乐章

发育篇

恐龙出壳之后就开始发育，而恐龙的生长速率不是匀速的，它的“青春期”膨胀得非常惊人，这可以从恐龙骨骼横切面那些类似年轮的构造看出。当我第一次看到鸭嘴龙类的蛋时，只觉得恐龙时代真是疯狂，疯狂年代疯狂事，一颗直径最多25厘米的恐龙蛋，居然能长出10米长的大恐龙。这其中可举的例子太多，这里暂且说说植食、肉食两大阵营的代表：梁龙与暴龙。

▼暴龙的生长情况，其最大的生长速率可以达到每天2.1kg，而亚洲男子的平均最大生长速率仅仅是0.02kg。这个图表中，暴龙还与惧龙、蛇发女怪龙、艾尔伯塔龙作了对比，相比之下，暴龙这个老大哥还是长得最快的。

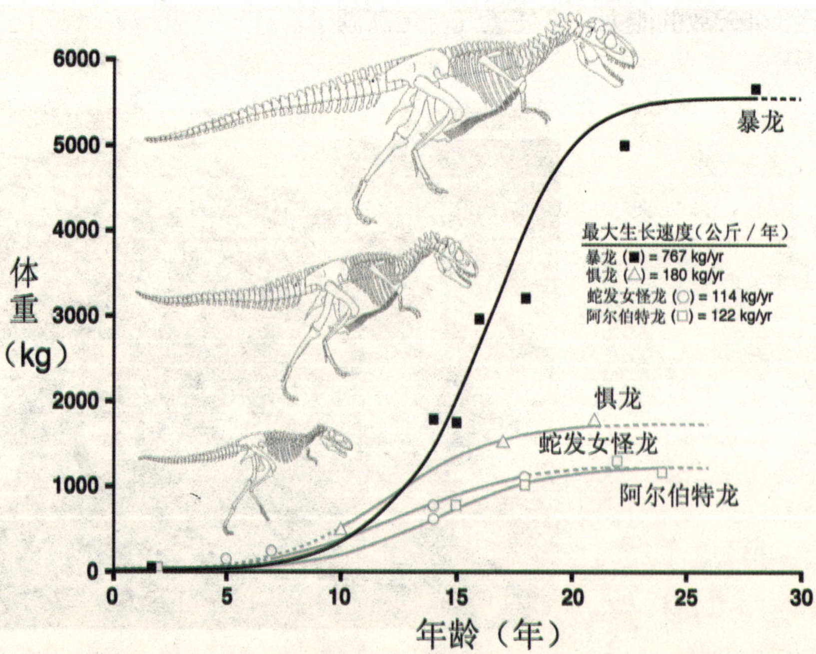

梁龙一出生就是跌宕在腥风血雨中，它们的幼龙绝对是疯狂生长：出壳时它约1米长，除去细长的尾巴与脖子，躯体并没多大。但第一年末，幼龙的长度就增加3倍，体重可达0.5吨；第3年体长可达10米，而体重增至3吨左右；第10年差不多成年前后，体长已达27米，重20吨以上。此时的梁龙基本上可以有效地保护自己，所以发育速度开始减慢。实际上，如果真如此发育，梁龙幼龙的童年基本是不停嘴的，除了睡觉，都在进食，其食物从地钱、石松、苔藓、蘑菇到大小蕨类，几乎无所不包。

而作为生物链最顶端的暴龙，出生后就开始不消停地捕猎，其生长速率也相当惊人：十几岁的暴龙平均每年增长767千克，这样的生长速度能持续4年多的时间。胃口良好的暴龙在14岁到18岁期间能增加近3吨，到成年时，它的总体重至少是5吨以上。

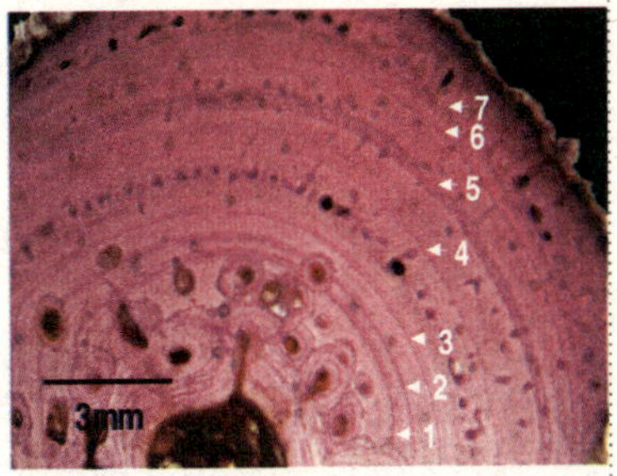

▲暴龙化石横切面，可以看到1~7岁的发育速度。

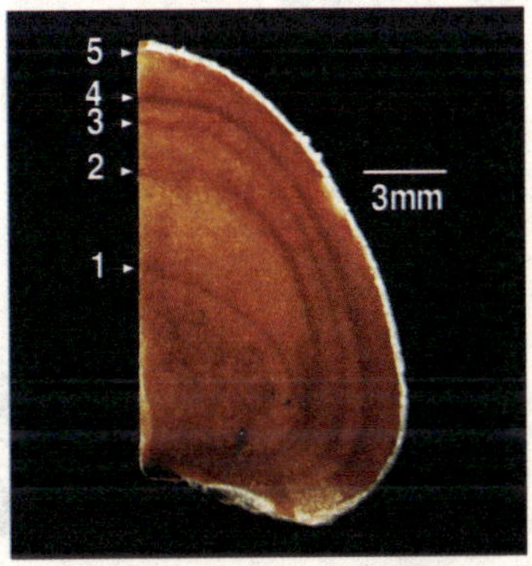

▲暴龙化石横切面，可以看到1~5岁的发育速度。

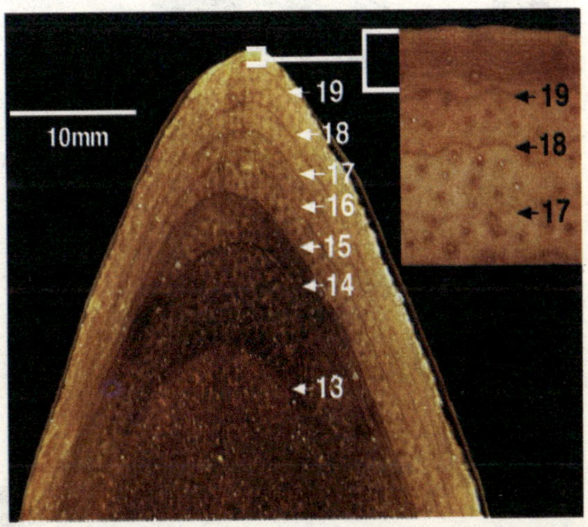

▲「苏」肋骨化石横切面，可以看到13~19岁的发育速度。

对比这两种出壳后自主生存为主的恐龙，需要被照顾的恐龙的发育也一点不慢，比如一出生就被捧为爪上明珠的慈母龙，其大腿骨随着成长的变化大约是，胚胎6厘米；6周时20厘米；1.5岁时53厘米；3岁时58厘米；4岁时80厘米。由此看来，那些大部队活动，所面对风风雨雨有父母们帮其承受的恐龙也有危机意识，甚至要增加自身的发育速度才能更好地保护自己。

此外，还有一点不能忘记。

许多爬行动物在它们的一生当中是持续成长的，年龄越大，体积越大。这反映在细胞替换上，我们人类，当到达成年时就停止了成长，某些细胞死去不再替换新生，而爬行动物却在从未停止生长的情况下，持续地更替细胞，也就是说，它们一直生长着。所以现在零星发现的一些巨大化石，比如美洲发现的一个高达2.4米，约有一扇门那么大的蜥脚类脊椎化石，可能就是某种已知蜥脚类的长寿版，并非什么新品种。

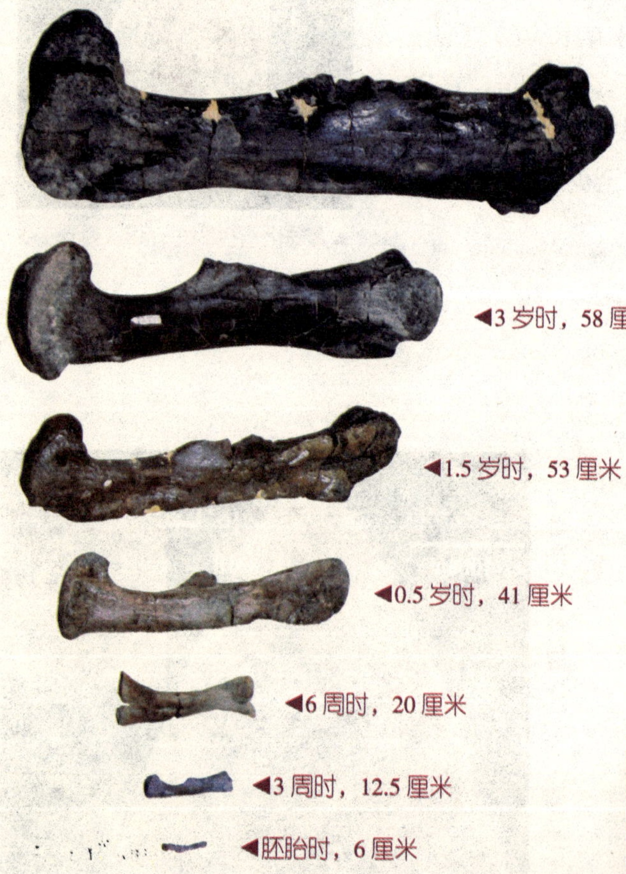

▲慈母龙大腿骨的成长变化

▶慈母龙照顾幼龙的场景模型

第三乐章

求偶篇

当恐龙成年，自然而然就发情求偶，最近有这么一个观点，说生命的进化更大的动力是源自性选择。那么亿年前的爱情会是什么样子的呢？其实各种恐龙都有自己独到的求爱仪式。

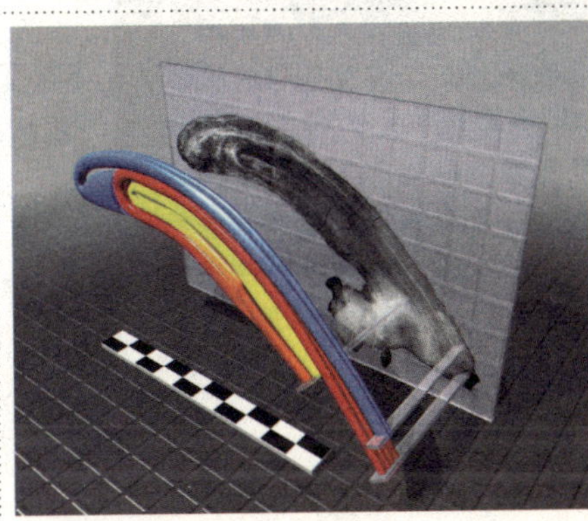

▲副栉龙头骨电脑复原模型

鸭嘴龙类的恐龙可能是靠“乐器”来吸引雌龙。比如，副栉龙长有一个独特的脊冠，这个脊冠长在鼻骨上，里面充满腔道，空气从鼻孔吸入，经过腔道到达肺部，这就构成了一个呈管状的发声器。最近，美国新墨西哥州自然史博物馆和山迪亚国家实验室的研究人员按此构造做了一个脊冠的精确模型，吹奏时能产生非常奇特的共鸣声音，像极了阿尔卑斯山麓吹奏长角号的声音。这种声音不仅可以使副栉龙相互识别、预警，而且还可以在繁殖季节为心上龙吹上一曲史前恋曲呢。

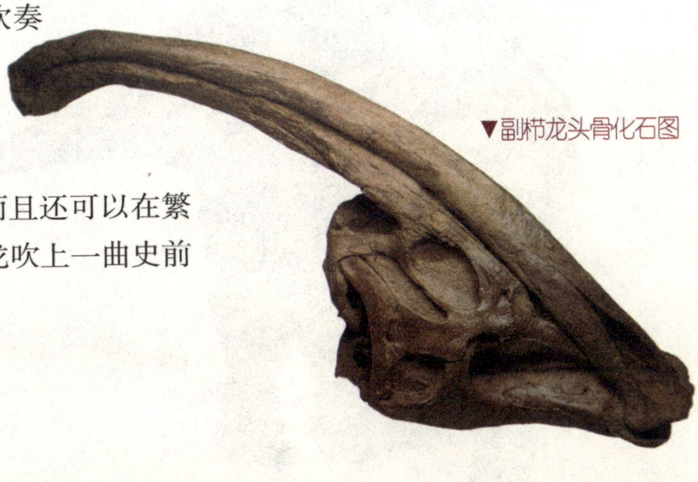

▼副栉龙头骨化石图

▼肿头龙的头骨特写

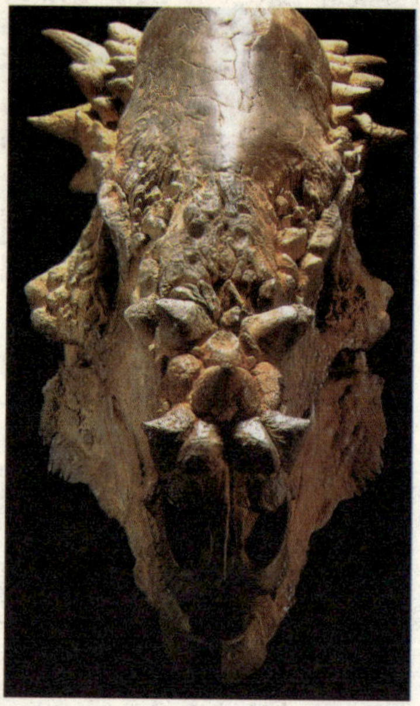

肿头龙类则可能比较粗鲁。但可以打包票的是，它们肯定是用厚重、装甲带刺的脑袋来互殴以争夺异性，就与今天在求偶季节山羊的行为相类似。不过，最近有一份报告指出，肿头龙的脑袋不能彼此相互撞击，否则会导致严重的脑震荡，而应该是撞击对方的身体，这样效果更佳，也不容易致命。

角龙类，例如三角龙、五角龙和开角龙等等，它们应该也像肿头龙那般互撞，有点类似今天求偶季节的雄性麋鹿，将角互锁、撞击、推、挤。此外，它们还有更重要的炫耀资本，那就是它们角后的盾板，高大的盾板很可能有着极为艳丽的色彩，就像孔雀尾那般吸引眼球。

▼有着高大盾板的七角龙，其艳丽的色彩，就像孔雀尾般吸引眼球

◀梁龙惊人的尾巴

至于那些大块头、长脖子、长尾巴蜥脚类，它们应该不会粗鲁地互撞，20世纪80年代后期，有一种观点认为，这些离奇的尾巴的功能可以用来求爱或者交流。

比如梁龙，它们大约有40~50个小尾椎，尾部最后2米的横截面宽仅32毫米，重量大约有2千克。研究人员通过计算机模拟的研究显示，如果它挥动尾巴，末端的速度可以超过音速，或许能够产生一些类似于鞭子发出的啪啪声，但是却比这些啪啪音大上2000倍。而且，其尾巴的基部经常可以发现有一些病理性的损伤，这可能是受到多次重复运动的严重挤压所致，很可能这就是求偶时用来抽打对方所造成的。

长号、撞击、鞭打，这就是恐龙时代充满情趣的一部远古的罗曼史。

◀五彩冠龙艳丽、夸张的脊冠想必也是为求偶而生

第四乐章

交配篇

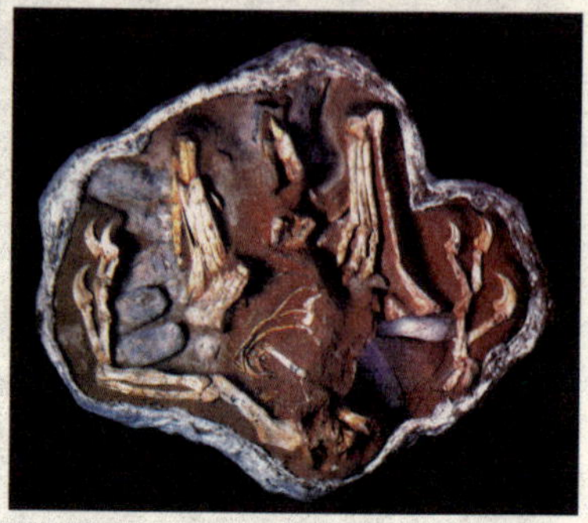

古生物学家，尤其是恐龙学家，还有世界各地博物馆的讲解员、保安，说他们被问道有关恐龙生殖的问题远多于其他的主题。尤其是国人对性方面更难于启齿，当想到 2 只 80 吨重的腕龙在交配，实在也叫人失语，但这依然是必须严肃面对的话题。

但首先要说明一点：人类迄今还没有看到过一件恐龙的生殖器化石，所有的所有，仅仅是假设！

从同是爬行动物的基点出发，我们推测恐龙的生殖应该与今天的爬行类差不多。

不过，事实上我们没有任何方法去回答有关恐龙生殖的特定问题。主要原因是软组织极难形成化石，以前曾经有一个报道说“河源发现雄性恐龙生殖器化石”，这全然是一个闹剧，那明明就是一段指骨。反正我们迄今还不知道恐龙内部或外部器官的真正构造，也全然无法了解到 2 只 80 吨重的腕龙如何正确地去交配，反正它们就是以腕龙的方式完成了。要知道，腕龙这一个属本身就存活了约 2500 万年之久呢！

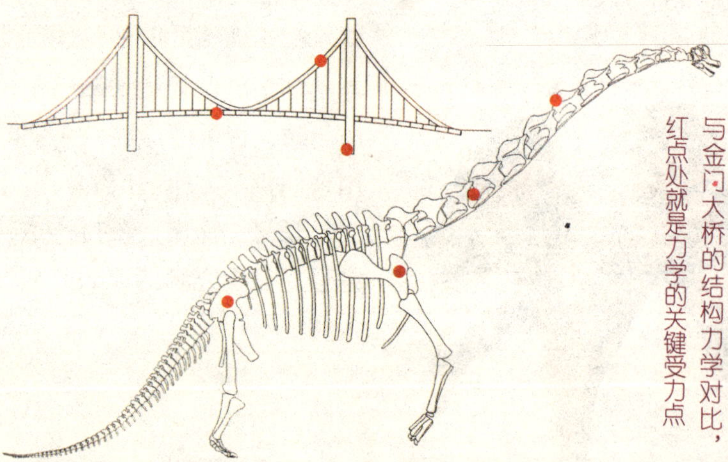

◀以腕龙为代表的蜥脚类恐龙与金门大桥的结构力学对比，红点处就是力学的关键受力点

▶禽龙交配的场景复原图

雄龙都有一对生殖交接器，称为半阴茎，平时都藏在尾巴基部，也就是泄殖孔后方的空腔内。此外，有一类恐龙可能不用透过有性生殖，也就是交配受精的方式产生下一代，这种生殖方式称为孤雌生殖，或单性生殖。《侏罗纪公园》里面那句经典台词“生命自会寻找出路”就是在这里体现。这类的恐龙通常仅有单一的性别，只要环境合宜，雌龙的卵巢在进行减数分裂后染色体会倍增，形成双套染色体的卵。

现在你可以想象一下：两只80吨重、正在交配的腕龙，会是那般震撼！80吨VS.80吨的概念相当于2群各16头体重为5吨的非洲象高速互搏，这场景确实让人失语。很可能的姿势是，雄腕龙以尾部当作前腿腾空时的第三个支撑点，配合两腿组成“三脚架”状。因为只有让尾部承受一份体重，腕龙的交配姿势才可能成立，至于它们发出声音，包括叫声与撞击声，想必也震耳欲聋，绝对让小电影的演员自惭形秽。

至于兽脚类中的暴龙（你们喜欢叫做霸王龙），本以为没人会去想这个不着边际的问题，岂料有一年，我却在西班牙阿斯图里亚斯侏罗纪博物馆看到了这令人目瞪口呆的一场景：2 件暴龙装架呈正在交配状，这肯定是世界独一例，而且它们用的是背入式体位：母暴龙趴伏着，小小的、只有 2 指的前臂差点就碰到了地面，而臀部高耸，公暴龙双腿站立，正在拼命干活。有点佩服这装架师，因为背入式是从生理解剖上讲，最接近完美的性交方式，它通用于哺乳动物（自然也适用于人类），甚至恐龙。

▲暴龙交配的场景装架，陈列于西班牙阿斯图里亚斯侏罗纪博物馆，这肯定是世界独一例

而另外的兽脚类中，比如小盗龙，既然它们的一支与鸟类关系极为密切，那么它们的交配方式也可以从现在的鸟类身上去寻找答案。鸟类是通过生殖器官的短暂接触进行交配的，但它们的交配好似要杂技。回溯小盗龙，雄龙可能一边保持平衡一边爬上雌龙背上，它们一起拍打双翅，使身体在几秒钟之内保持稳定的姿势，雌龙尾巴翘起，雄龙尾巴向下，运动，搞定。甚至，参照鸟类，有的盗龙类可能可以在空中完成交配。

第五乐章

生育篇

我们没有恐龙交配的性爱录像带，当然也就没有恐龙妈妈如何生产龙宝宝的实况。但这个情况却不像交配那样基本靠想，全托了恐龙蛋巢遗迹的福，我们可以得知部分恐龙的生育方式，以及孵化的情况。

恐龙是靠下蛋来繁殖后代的，在1922年欧森找到那些被讥讽为“石土豆”的恐龙蛋之前，学界有部分人认为恐龙是卵胎生的，就是在体内孵化后再生产出来，不然他们无法想象存在过这么庞大的蛋，毕竟是那么庞大的动物啊。可惜的是，恐龙蛋并不大，最大的恐龙蛋你也能轻松抱起。那恐龙是怎样下蛋的?

打打官腔，因为恐龙家族庞大，种类繁多，不同种类的恐龙在下蛋方式上肯定会有很大的不同，甚至相同品种在不同地域就有不同的下蛋方式。

▼中国江西一具雌窃蛋龙体腔内发现2颗保存完整的带壳蛋

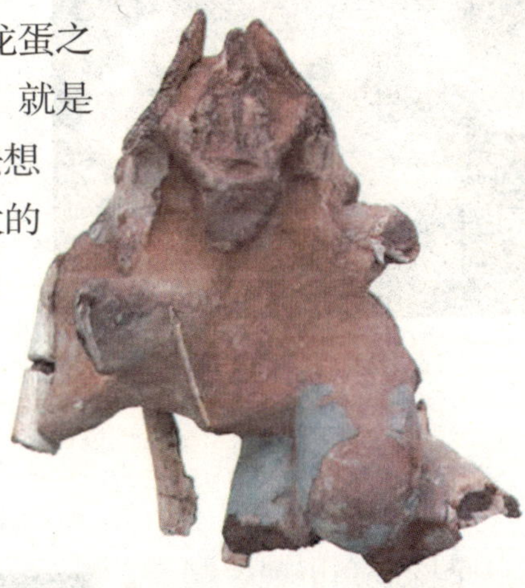

▼聪明的伤齿龙

伤齿龙，就是那种被誉为延缓哺乳动物进化几百万年的、很聪明的恐龙。活在北美的伤齿龙会把蛋产在刚干涸的湖底或沼泽地的湿润泥土里，靠输蛋管向下蠕动的力量轻松地把蛋深深插入泥土中，就像你在蛋糕上面放草莓一样。而生活在中国的伤齿龙则是选择水边的沙土地作为下蛋地点，它们先用爪子在地上刨出一个坑，然后蹲坐下来使身子成直立或半直立状态，并把蛋产入蛋坑里松软的沙土中，之后再用沙土小心地把这些蛋埋起来。

▲窃蛋龙的蛋窝，上面有4枚蛋。

而窃蛋龙类的下蛋方式则介于爬行类与鸟类之间。古生物学家在中国江西一具雌窃蛋龙体腔内发现2颗保存完整的带壳蛋，证实窃蛋龙所属的兽脚类恐龙拥有双输蛋管的构造。

这个构造介于现生鳄鱼和鸟类中间。它和鳄鱼一样拥有双输蛋管，却安排每条输蛋管一次生一颗成熟蛋，这反而比较像仅有单输蛋管的现生鸟类。从这点可以看出，我们此前经常一厢情愿地拿爬行类或鸟类来类比恐龙是一件很轻率的事情。

▶现生鸟类的繁殖

至于蛋巢，最典型的莫过于慈母龙所建造的。慈母龙的拉丁文学名为 Maiasaura，她被引申为慈祥的母亲。纵观整个古生物历史，也就这么仅此一次，恐龙的属名被指为雌性的属性——字尾是雌性的 saura 而非雄性的 saurus。慈母龙之所以被引申为慈祥的母亲，是因为其化石的旁边有一个近于碗状土丘窝巢，窝巢中有 15 只慈母龙幼龙，大约 1 个月大，它们的牙齿已磨损，这就验证了是母亲在照料幼体，或者将食物带到巢内，或者带它们到巢外觅食再回到窝巢。

慈母龙建造的盆状蛋巢直径约 2 米，下面垫泥土和碎石，蛋的上面盖了一些植物，用以保持一定的温度，让蛋自然孵化。

除了慈母龙的自然孵化，还有自动孵蛋的假说。证据是蒙古发现的窃蛋龙骨骼就趴在一窝恐龙蛋上面。像许多现代鸟类的巢穴中那样，它身下的 22 颗蛋排列成一个圆形。只见窃蛋龙把两条腿紧紧地蜷在身子的后部，这与现代鸡孵蛋的姿势完全一样。此外，它的两只前肢伸向后侧方向，呈现出护卫窝巢的姿势。但最近该假说遭到挑战，新理论认为，窃蛋龙是蹲伏在预先建造的蛋巢中心，定期回到窝里，每次生出成对的蛋，并依 3、6、9 和 12 点钟的方位，排成多层环状序列，再用细砂覆盖，利用炙热的白垩纪阳光让其自然孵化。

这两个说法谁也说服不了谁，但都足以说明，发展到中生代后期的恐龙们，确实已经有一套非常适用的生育方式，来使自己的后代远播五湖四海呢。

▼慈母龙筑巢、产蛋的过程

▲用强有力的后肢挖土，然后把土隆起

▲用短的前肢在巢中挖一个凹处

▲产了约 25 个蛋

▲在蛋的上面加上叶子和小树枝

第六乐章

死亡篇

恐龙也一样，也一样会受伤，伤得太重就会“挂”掉。可以这么说，保存下来的化石，只有极少一部分是老死的，基本都是因为生病、被咬、互搏、中毒、塌方等原因而死，所以古生物学家很多时候都要充当SCI的责任：看似平淡无奇的化石里，死因就像一条红线，贯穿在中间，古生物学家的责任就是要去揭露它，把它从石头中清理出来，彻底地加以暴露。

鸭嘴龙会得癌症。美国俄亥俄州东北州立大学的研究人员就在鸭嘴龙的骨骼内发现了肿瘤的存在：97块鸭嘴龙骨骼中足足有29个肿瘤。这可能与当地针叶树木中富含致癌物质有关。总之，这些可怜的鸭嘴龙长期忍受着病痛。

▼暴龙的牙病，在暴龙Sue的大嘴巴里，可以看到还有一些不足5厘米的异常牙齿

暴龙会得牙病。在暴龙“苏”的大嘴巴里，可以看到还有一些不足5厘米的异常牙齿，它们已经扭曲，齿上的锯齿也磨平了，呈现出病态的黑灰色。这可能是“苏”的牙病，或者是牙床曾经受到重伤，比如被同类或者肿头龙顶了一下，导致牙齿畸形。但“苏”发育晚期细密的生长线表明，它已经完成了生长，著名的“苏”暴龙就死在28岁那年。

恐龙妈妈的微量元素中毒，这可以在中国河南西峡的成千上万颗恐龙蛋中找到源头。古生物学家经过对恐龙蛋及蛋化石的切片进行观察和分析，发现很多蛋化石是完整如初的，表面没有丝毫裂痕，说明在当时就是未经孵化的蛋，而且切片观察里面还没有幼年胚胎，既没有胚胎又没有孵化，其中必有案情。最后通过综合分析，认为是恐龙妈妈的微量元素中毒所致！其体内的铱、锶元素等含量过高导致了大量恐龙蛋不易发育孵化。

▼这些史前的庞然大物，一旦受伤跌倒，那将是致命的！（图为异特龙复原图）

最有趣的可能是大奥的死亡。大奥“Big AL”是1991年发现的一具异特龙化石。大奥是一个未成年个体，95%的完整度，长8米。其中19块骨头有损伤，或是显示出疾病的痕迹。

▲1991年发现的未成年的“大奥”化石及复原图

BBC为此专门拍摄了《大奥传奇》。这部片极为经典，古生物学家通过伤痕累累的化石来还原了大奥的一生。高潮是雄性大奥在求偶中失败，被体形较大的雌异特龙抛弃，不过拍出来的效果却更像雌异特龙在躲避臭流氓似的。最后，大奥在一次捕猎中不幸后腿骨折，这就意味着伤好之前它无法捕猎，这是足以致命的，于是体型巨大的大奥最终饿死在沙滩上。

▲身形巨大的恐龙一旦陷入泥沼而无法捕食，那等待它的就只有死亡了

在BBC《与龙同行》的专题网站上，还有一个叫做大奥的小型养成类游戏，你可以控制一只小异特龙走路、捕食，长大后甚至还可以去找雌性异特龙示爱。我玩了好几次，最好纪录是长至2吨，但后来踩到泥潭陷死了（这也是很多恐龙死亡的原因）。

以上就是恐龙生长的过程，这些神奇而壮丽的生命，绝对值得我们在内心深处为其激赏。转瞬间，它们已穿越时空，但那拉长的背影，却在我们心中激荡不去……

现在恐龙研究还有诸多未解之谜与缺失的环节，这有赖于新研究方法的提出以及新化石的发现。探索之漫漫，此时的我们需要您的援手，因为充满着好奇心与想像力的你，才是恐龙学的大未来！

▼记住这些神奇而壮丽的生命吧！（图为马门溪龙复原图，选自航空工业出版社：《恐龙真相》）

PART 3

代号“苏”

这是一个很棒的故事！

一场涉及古生物学家、印第安人、FBI墨镜版、麦当劳、迪斯尼、私立博物馆和克林顿总统的化石争夺战，他们争夺世界上最完整的暴龙（有人喜欢讲成霸王龙，其实是一个东西），这个过程足以拍成2个季度的电视剧，其剧情的复杂性可比《越狱》。

第一乐章

印第安的保留地

这绝对是一个很棒的故事，一场涉及古生物学家、印第安人、FBI墨镜版、麦当劳、迪斯尼、私立博物馆和克林顿总统的化石争夺战，他们争夺世界上最完整的暴龙（有人喜欢讲成霸王龙，其实是一个东西），这个过程足以拍成2个季度的电视剧，其剧情的复杂性可比《越狱》。

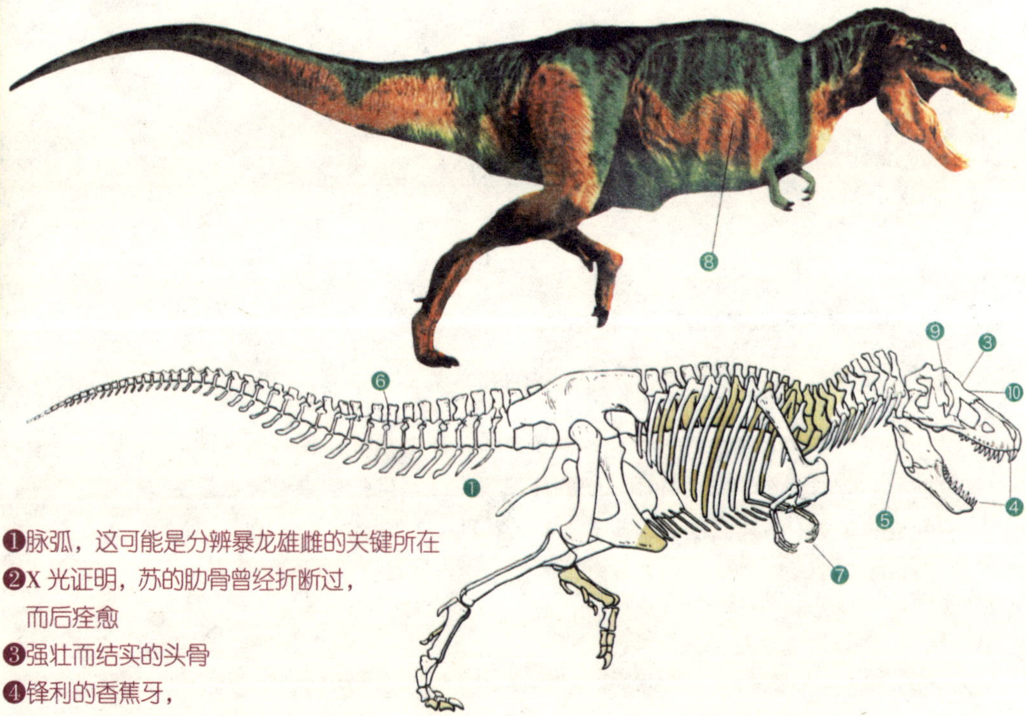

❶脉弧，这可能是分辨暴龙雄雌的关键所在
❷X光证明，苏的肋骨曾经折断过，而后痊愈
❸强壮而结实的头骨
❹锋利的香蕉牙，每2~3年会更替一次
❺力道十足的下颌骨提供了强大的咬力
❻尾椎发达，尾部强壮有力
❼小手可能用于从趴到站的过程中提供帮助
❽暴龙的皮肤可能是混合色调
❾暴龙拥有立体的视觉
❿脑部发达

▲苏的骨骼轮廓图
(深色区域为缺失的化石)

▲获选为美国加州州长的银屏硬汉——阿诺德·施瓦辛格

如果说一个人号称略通恐龙而不知道暴龙，那就是“平生不识武藤兰，阅尽AV也枉然”这种处境。暴龙是恐龙之王，一直是恐龙文化的代言人，对美国人来说可能还有特殊意义。在现实世界越来越不安全的大环境下，从双子塔到伊拉克，脆弱的美国人需要寻求些什么来支持自己。于是他们就找了个强汉，他们把“终结者”阿诺德·施瓦辛格推上了加州州长的宝座。当然，他们更不会放过一条大暴龙，所以它的归宿才有了争夺。

1990年，美国南达科他州的夏延族保留地，一位名叫威廉姆斯的印第安农场主正对着他地里一堆乱七八糟的化石渣滓发愁，这些化石曾被他们族人当成大蛇的遗骸，顶头膜拜N多年，甚至与前来收集化石的古生物学家发生流血冲突。当然，那些古生物学家也不是什么善心人！19世纪来这里挖化石的队伍就整天欺负印第安人，把他们祭台上英雄尸体当作人种标本拿走，用可以拿出嘴的假牙来晃点印第安人，或者告诉印第安人可以为他们传话给上帝……

▲夏延河保留地的印第安人

▶马什盗窃印第安葬礼台的骨骸(供图哈泼斯新月刊 1871)

▲拉尔森在研究他的暴龙头骨

现在，威廉姆斯自然不用担心狡猾的白人来欺负他，而是为了生计发愁。曾几何时，夏延人是北美开拓史上声名显赫的印第安部落，他们曾经与切诺基人、阿帕奇人、科曼奇人一道纵横沃野、叱咤风云，但随着白人势力的不断扩张，这些印第安部族逐渐衰落，夏延人也逐渐在南达科他州和怀俄明州定居下来。印第安保留地里的生活十分清贫，人们不得不主要依靠大自然的恩赐为生，畜牧业、种植业成了印第安人最主要的经济来源，当然，有时候还有一些意外之财，比如化石。

▼拉尔森的团队在挖掘现场

这年盛夏，威廉姆斯写信邀请黑山地质研究所负责人拉尔森到他的农场，请他来挖掘化石，他期望土地里埋藏的那些奇怪的骨头能为自己带来一笔额外收入。

拉尔森是个人才，4岁开始“玩”化石，直到现在。如果你见过他，相信会过目不忘，他脸上那两撇浓密的小胡子特别显眼，像牛仔那样大声说SHIT，笑起来胡子的末梢也会跟着抖动，好玩得很，这可能是听他演讲时的一个看点。个性张扬的拉尔森在当今古生物界小有名气，他是追猎暴龙的世界第一人！1990年以来，他的黑山地质研究所团队一共发现了8具暴龙骨骼，其中苏、斯坦、巴基、达菲、麦瑞斯名列全球最完整的10大暴龙之列。

◀在苏被『劫持』事件中，几乎被搬空的黑山地质研究所

第二乐章

苏珊的发现

上回说到威廉姆斯请来了黑山地质研究所的拉尔森。其实拉尔森不光长得很有个性，也不仅是位古生物学家，还是一位做化石生意的商业化石猎人，如果你要将其说成化石贩子，那也可以。

拉尔森的黑山地质研究所成立于1974年，是一家为博物馆或者收藏家提供博物馆级别化石、化石复制品、矿物标本，以及地质教学、展示、矿物勘探、筹备展览等服务的机构，口号是“专注于化石、化石复制品与相关服务”。研究所擅长于恐龙等古爬行类、古哺乳动物、翼龙、菊石、三叶虫，其中又以恐龙中的暴龙最为出名。

▼黑山地质研究所中琳琅满目的古生物化石，图中最大者即为暴龙——斯坦

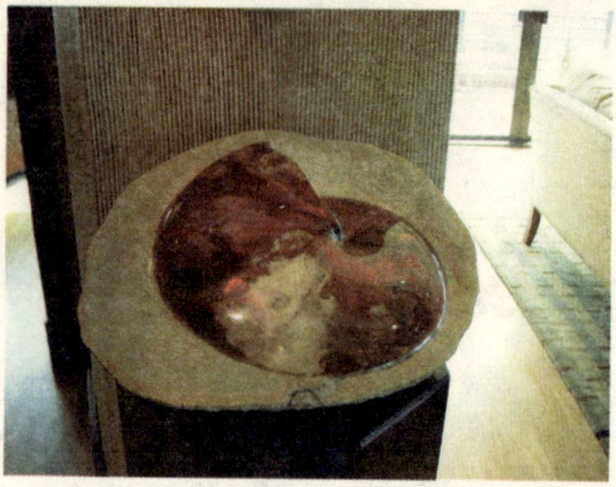

▲黑山地质研究所中珍贵的鹦鹉螺化石

1990年入夏以来，拉尔森的队伍已经在费恩城附近的一个化石点挖掘了6个星期，结果一无所获，有点沮丧的他已经准备打道回府，现在接到威廉姆斯的邀请，便是顺道到夏延保留地来碰碰运气。但有的时候，奇迹往往在失望的时候闪亮登场，柳暗花明又一村。

现在要出场的是苏珊……

▲苏珊的手附近就是苏的大牙

苏珊11岁上学，但在高中时就辍学下海。此乃真正的下海！

她戴上水肺，潜水为水族馆提供海洋动植物的标本，据说她发现过前人从未描述过的新种。后来，苏珊开始收集并加工琥珀昆虫化石，把品相不错的卖给私人收藏家获利，而更好的标本，也就是业内常说的“博物馆等级”以成本价卖给博物馆，这为她赢得了很好的声誉。随后，苏珊加盟黑山地质研究所，在来到夏延保留地此前，她从来没有挖掘过恐龙，仅仅是听了拉尔森几次野外培训课，估计也被忽悠去舔化石。

但8月12日这一天，却是苏珊命运的转折点！使得她被授予一堆学校的名誉博士头衔，跻身孟德尔（现代遗传学之父）、利维（发现第9个彗星）和勒维特（发现周光关系）这些为人类做出巨大贡献的非科班出身的科学家之列。

▶苏珊发现了一具巨大的暴龙骨架

这天，苏珊与爱犬按计划顺着夏延河畔搜寻。这天天气不太好，一早就下起了倾盆大雨，天地间一片朦胧，雨水汇成道道小溪在地表奔流。眼看奔腾而至的浊流越来越深，这次任务实在没法完成了，苏珊停下脚步四处张望，看见河畔旁有一座约 17 米高的陡坡，她决定先爬上高地去避避积水。

天雨地滑，苏珊手脚并用地狼狈爬上土坡，突然间，她被横陈于眼前的东西惊呆了！

事后，苏珊回忆说：

“它就在那儿！整具暴龙骨架完全从山坡中显露了出来。它的脊椎骨很大，而且上面的关节非常清晰。我可以肯定，这只暴龙自白垩纪时起就没有挪动过地方。”

▶拉尔森、苏珊和苏，等待他们的是什么呢？

第三乐章

威廉姆斯的底牌

上回说到，有赖大雨冲刷，苏珊看见土坡上居然裸露出一副巨大的骨骼。苏珊万万没想到居然这么凑巧能找到化石，不禁喜极而泣。其实，我也想不通她为什么竟然有这般幸运。

发现之旅真是不可以常理推测，就像2004年，我带着一群台湾小朋友在云南禄丰挖化石，有一个小朋友一边追蝴蝶，一边就简简单单地找到了一块非常罕见的禄丰龙下颚骨，而我在当地好几年也没有这种命。

雨停后，闻讯赶来的拉尔森一看化石便预感到这可能是本世纪最伟大的暴龙发现！他欣喜若狂，当即向威廉姆斯寻求挖掘许可。拉尔森给威廉姆斯签了一张5000美元的支票，农场主对这次交易似乎挺满意，他很快就提走了拉尔森交付的5000美元。而拉尔森这头也没闲着，工作人员加班加点，仅用17天就将这具庞大的恐龙化石从岩石中取了出来。令拉尔森吃惊的是，这具化石长12.8米，高5.48米，比纽约自然史博物馆中的那只暴龙还要高大，因而成为世界上已知的最大的暴龙。

为了纪念苏珊这一了不起的发现，工作人员用她的爱称“苏”来为这头暴龙命名。

▲香蕉牙特写，黑色部分为牙冠即我们能见到的部分，露于牙龈以外，牙冠表面覆盖有一层釉质（即珐琅质），棕色部分为牙颈和牙根。

▼香蕉牙尖端，可以看到非常细腻的锯齿。

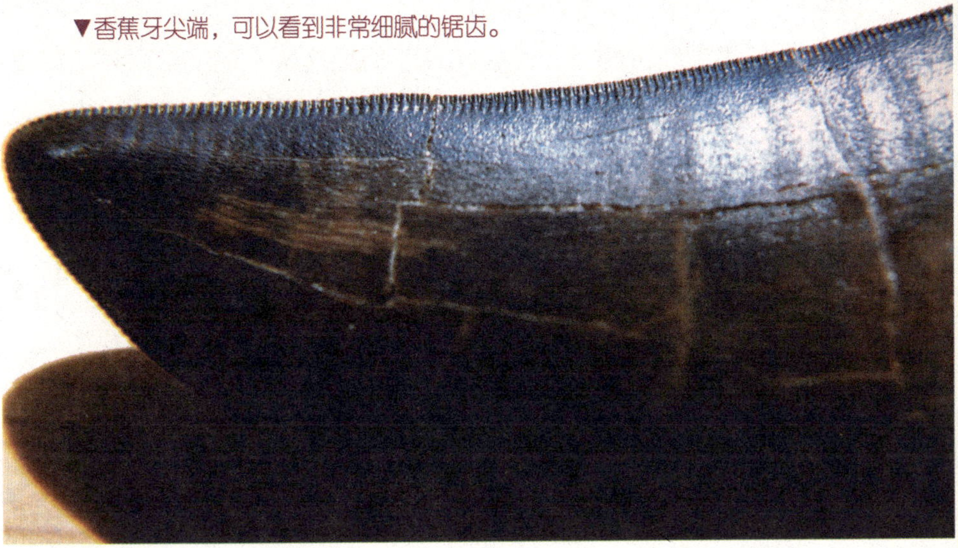

"那是我一生中最美好的时刻之一。"拉尔森说。

拉尔森心里明白，这具化石的价值至少在数十万美元以上，他为自己捡了个大便宜感到沾沾自喜。不过，这位疲惫不堪的古生物学家丝毫没有意识到，这具化石即将带给他的不是名利，而是一连串的厄运……

化石一运回黑山地质研究所，员工们立即着手清理，喜不自胜的拉尔森甚至还宣布要专门建立一座博物馆，苏也将成为博物馆的镇馆之宝。

当地一家报纸报道了这个重大发现，接受采访的拉尔森不失时机地吹嘘了一通化石的巨大价值。没想到这下可捅了娄子，看了报纸的威廉姆斯大梦初醒，他这才意识到自己有眼无珠，被拉尔森占了大便宜。不过这位印第安人却有点儿小聪明，他当初向拉尔森隐瞒了一个关键问题……

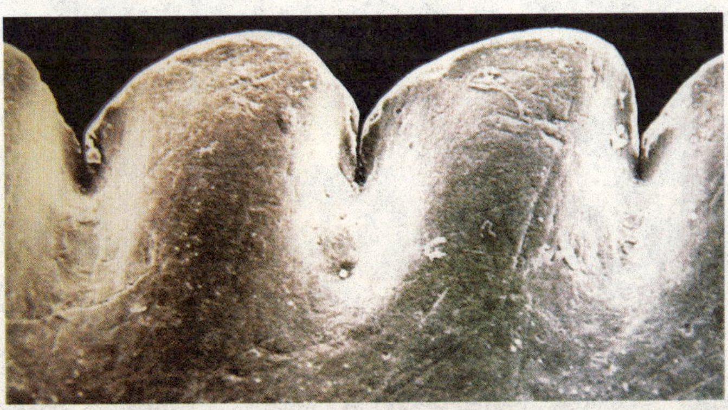

◀牙齿后侧的细小锯齿经高倍放大的显微照片，这些锯齿由釉质构成犹如一把把纤细的、剃刀状般的小刀，甚至可以看到肉纤维对釉质的磨损

威廉姆斯出于经济利益，已经在几年前把这块土地交给联邦印第安事务署托管了!

根据美国法律，如果印第安人将他们的财产交给联邦政府托管，他们就可以享受免税待遇。但同时这就意味着，地主要想出售这片土地下面的埋藏品，就必须要得到联邦有关机构的准许。

威廉姆斯没有将这一切告诉黑山地质研究所，也没有去办理相关的手续，而性急的拉尔森则是稀里糊涂就开始了发掘工作。

▼荒凉的夏延河印第安人居留地，曾经是恐龙生活的乐园

第四乐章

劫持

上回说到，拉尔森在威廉姆斯有所隐瞒的情况下挖得不亦乐乎。

现在，觉得自己亏大的威廉姆斯对外声明：他曾经告知拉尔森，恐龙化石不能在未经政府批准前出售，因为土地已经受政府托管，故他在对化石进行出售或者出租之前，都要经过有关部门的许可。威廉姆斯还说他和拉尔森根本就没有达成出售恐龙化石的协议，他辩解道："我曾经询问过拉尔森那张支票的用意，他却含糊其词，我误以为这钱只是为了换取我授权他在我管辖土地上搜索或者挖掘化石而已。"

据此，威廉姆斯声称拥有这具化石的所有权，因为化石很明显是从他管理的地盘内发掘出的，这次买卖无效！获悉消息后的拉尔森气不打一处来，他当即聘请了律师，声称支票已经写明用以购买"兽脚类恐龙苏"，也就是购买整具恐龙化石。

▼苏的头骨化石

▼如今在离苏的发现地不远的地方，有这样一块有趣的路牌

两人各执一词，互不相让，更为添乱的是，此时当地印第安部族也闹了起来，他们认为化石既然是在保护区内发现的，部族就应理所当然地成为化石的主人，围绕苏的法律纠纷就这样源源不断地出现了。

在一片沸沸扬扬的争吵声中，黑山地质研究所继续紧锣密鼓地清理恐龙化石，为未来的展出做准备。

▲FBI 特工还搜走了大量研究资料

眨眼 2 年过去了，1992 年 5 月 14 日，黑山地质研究所的工作人员正像往日一样地干着各自的工作。忽然，一阵由远而近的警笛声打破了这里的宁静……

30 多位联邦调查局探员和 20 多名国民警卫队的队员闯了进来。看着这群带着大墨镜、表情冷酷、外套上威风凛凛地印着“FBI”和国民卫队的不速之客，研究所的工作人员一个个吓得目瞪口呆，不明白到底闯了什么大祸。

200 FEET IN THE WRONG DIRECTION

University of Wyoming museum curator Brent Breithaupt looks over allosaurus bones at the site near Greybull.

Rare dinosaur found in 'wrong' place

By MICHAEL MILSTEIN

▲历史的声音——在错误的地点发现的珍贵的恐龙

◄美国联邦调查局（FBI），1908 年成立，主要负责美国国内的反间谍和重大刑事案件侦破工作

▲化石、资料等被打包搬走

探员随即出示了美国联邦检察官驻南达科他州办公室斯格弗尔签署的命令，趾高气扬地宣布由于研究所涉嫌非法发掘自然遗产，现在联邦政府要查封苏的化石标本和所有的档案，作为日后起诉的证据。言罢，也不顾工作人员的辩解，这 50 几个人便七手八脚地开始将 10 吨重的骨架化石和围岩以及所有相关的野外记录和照片统统打包装箱。

不过，这通活儿可不轻松，联邦探员和军队足足忙了 2 天多才完成繁重的工作，而国民卫队甚至动用了军用大卡车来搬运化石。

最后，这些“罪证”被运到了南达科他州矿业技术学校，保存在那里的保险库里。

▼国民卫队甚至动用了军用大卡

▼被石膏包封起来的苏

第五乐章

营救

上回说到，苏被大墨镜"FBI"和国民卫队劫持走，黑山地质研究所一片慌乱。

这"神来之笔"到底是怎么回事？扯皮就扯皮吧，怎么突然就动手了呢？原来，这是美国联邦法院南达科他州分院拜泰一手操纵的，他声称有迹象表明拉尔森要出售苏，没收这具化石是为了保护联邦财产和公众与化石的联系。其实，黑山地质研究所本来就有从事化石交易的传统，为何直到2年后才动手查封？难道这是传说中的"警察慢知慢觉候群症"？就像香港电影中那些永远慢一步，永远只来收拾残局的大队人马一般？

▲麦当劳的圣诞暴龙

后来，人们猜测，这可能是威廉姆斯活动的结果，也可能是拜泰在终于看清局势后作的决定，真正的原因现在已是不得而知。但古生物化石作为"犯罪证据"被查封，这在全世界都是第一次，而且，被查封的还是被誉为"暴龙之王"的极其珍贵的完整化石骨架。

一石激起千层浪，事件引起了新闻界和广大公众的极大关注，各大报刊纷纷在头版予以报道。面对堂而皇之的联邦政府，拉尔森自然义愤填膺。黑山地质研究所立即将地方法院告上司法部，称其错误行使法律，要求归还苏。拉尔森希望法院澄清：苏到底是托管土地的一部分还是在土地中发现的私人财产？经过一番唇枪舌剑的交锋，地方法院裁定：苏是威廉姆斯托管协议中土地不动产的一部分，换言之：属于地主，但在未得到美国内政部的允许前不得买卖。

此间，当地的民众愤愤不平，自发集合抗议。他们或是高举标语，聚集在黑山地质研究所门前；或是在自家汽车上写着“释放苏”，到处游走；或是找一帮人模仿着运走苏的场景，到街上游行。在临近宣判的时候，抗议达到最高潮，国会大道满是示威民众，他们的标语写着“投票决定苏的命运”、“化石猎人也有权利”、“打倒化石盖世太保”、“为苏疾呼”等等。最猛的压轴戏是，一位抗议者为此做了一个巨大的、好几层楼高的黑色热气球，写着黄色的“FREESUE”，升空抗议。

▲当地的民众愤愤不平，自发集合抗议

▲甚至有人模仿着运走苏的皮卡，到街上游行

▲最猛的是，抗议者为此还做了一个热气球，升空抗议

黑山地质研究所败诉后并不服输，冗长的诉讼一拖就是4年，拉尔森层层上诉，一直申诉到美国最高法院，现在有4个方面在争夺化石：那片土地的主人、夏延印第安部落、美国联邦政府以及可怜的拉尔森。这件案子堪称美国历史上最混乱的民事案件，其结果也令所有人都大吃一惊——最高法院居然宣布无法作出裁决！

▲化石在抗议声中被搬走

第六乐章

836 万美元

上回说到，这件案子已经在无厘头的道路上越走越远。

现在，事情闹得连白宫都被惊动了，最后美国总统克林顿悍然宣布：苏属于那片土地的主人——威廉姆斯，一场沸沸扬扬的纠纷才落下帷幕。

苏在矿业技术学校的保险库里尘封多年后终于得以重见天日。可是倒霉的拉尔森却因此连遭不幸：他被控犯有 154 条罪状，检察官要求对其处以 353 年监禁！这场官司连续打了 9 个月，创下了南达科他州历史上最高纪录，在众多古生物学家的营救下，拉尔森终究免于牢狱之灾。但心有不甘的拜泰又以拉尔森未向税务部门申报 4.6 万美元税款的罪名，将其判处 2 年监禁。

苏的归属权尘埃落定，它接下来的去向就成为了人们关注的焦点。为此煞费心机的威廉姆斯也想通过苏谋利。他说：“我不是古生物学家，况且，我已经 69 岁了，早已没有青春奉献给科学研究，所以我应该享受化石的商业价值。”

此后，许多私人收藏者都对苏表示出极大兴趣，纷纷试图向威廉姆斯购买，甚至有人喊出了 6000 万美元的天价，但临到最末，却只有一名加拿大买家给出了较为正规的书面申请。原本期望大赚一笔的威廉姆斯不禁有些失落。这时，苏富比拍卖行找到了他，向其力陈拍卖的种种好处，提出代理并出售苏的请求。

1996 年，威廉姆斯终于同意由苏富比代理苏参加纽约的拍卖会。

▼苏居然还惊动了美国总统克林顿！等待买主的苏，精美的骨骼到底花落谁家呢

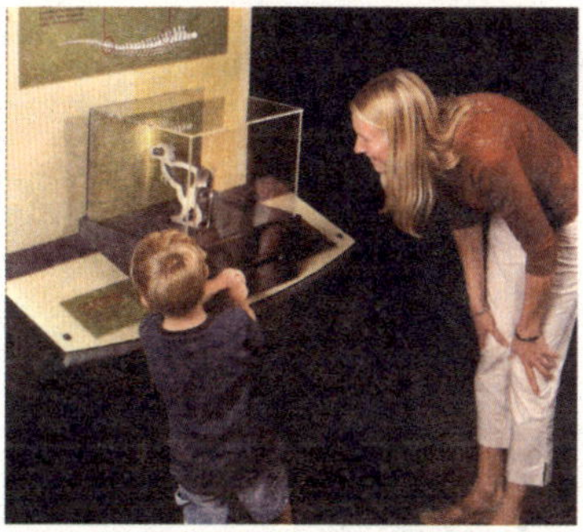

▲在芝加哥菲尔德自然史博物馆，游客除了可一睹苏的真面貌外，亦可透过博物馆的多媒体展览，与苏全面接触。游客可看到由电脑重组出来的苏头骨动画；触摸仿制的苏肋骨、上肢及牙齿；观看苏由被发现到搬至博物馆过程的录像带；最后网民更可透过网上摄录机与苏见面

消息一出，立即引起了极大反响，许多古生物学家对此感到十分痛心，他们认为恐龙化石不应商业化，只有通过有关学术机构的有效保管才能使其发挥其科学价值。但在美国这样一个金钱至上的社会里，化石贩子和私人玩家显然不把化石的科学价值放在第一位，对“只有古生物学术机构才能更好地保存恐龙化石”的观点也很不以为然。

参加拍卖会的众多买主可谓大腕儿云集，其中出现了芝加哥菲尔德自然史博物馆的名字，这是美国一家著名的私营博物馆。拍卖会前，该馆地质部负责人福林亲自飞赴纽约查看苏的化石。福林回忆到：“当我第一眼看到苏，就感觉如同见到了大钻石‘希望之星’一般。它的头骨超过 5 英尺长，而且保存相当完好。”

博物馆主席麦卡特得到消息后志在必得，他立即与长期合作伙伴麦当劳公司进行了沟通，随后又成功说服迪斯尼公司和一些私人提供赞助。

拍卖会上，苏的起价被定在 50 万美元；拍卖官刚开始喊价，下面便此起彼伏地举起牌来，短短几秒钟内出价便蹿升到 120 万美元。仅用了 8 分钟的时间，芝加哥菲尔德自然史博物馆便在麦当劳和迪斯尼的强大支持下以 836 万美元的天价成功中标。喜讯传来，博物馆上下一片欢腾，苏在重见天日 7 年后终于安家落户。此后经过博物馆人员 4 年的精心修理及化石复原装架后，苏于 2000 年 5 月 17 日正式与游客见面。

PART 4 闲话大灭绝

目前，地球上被人类记录过的物种大约有 175 万个，实际上存在的物种可能达 500 万到 1 亿个，然而，根据古生物学家的研究，地球上曾经存活过 40 亿种动、植物，可见在进化过程中，绝大多数物种出局了。这是因为进化没有人们想象中那么伟大，其实，这是生命进行的各种尝试而已。随着“试验”的结束，失败品被大自然淘汰，当然，幸存者也依旧要养精蓄锐，以应对下一次“试验”。

第一乐章

不仅仅一次

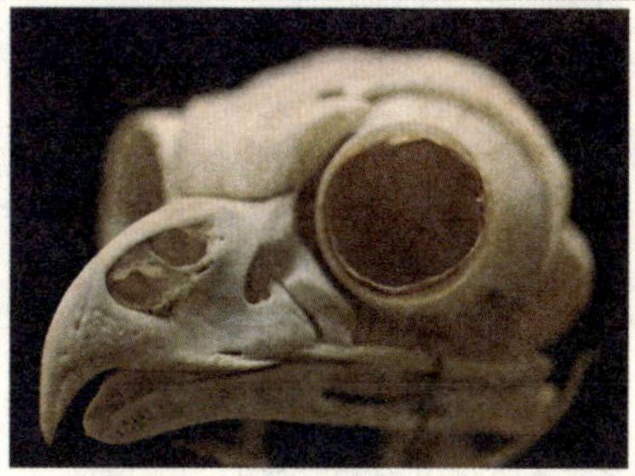

"迟早都会灭绝的……"不少古生物学家对现在那些极端环保主义者都很不以为然，并经常说这么一句话。环保固然重要，可以尽量保护物种，不要让它们在不该灭绝的时候灭绝，但一旦走上极端，则是另外一回事情。极端环保主义者那些过剩的精力，其实可以用在另外一些更有意义的事情上，比如扶贫……而如果是为了让自己挤进"小资"行列，去为了反对穿皮草而裸奔，那就没必要了。

▲南极狼：1985 年灭绝

包括人类在内，物种都有一个诞生到灭绝的过程。目前，地球上被人类记录过的物种大约有 175 万个，实际上存在的物种可能达 500 万到 1 亿个，然而，根据古生物学家的研究，地球上曾经存活过 40 亿种动、植物，可见在进化过程中，绝大多数物种出局了。这是因为进化没有人们想象中那么伟大，其实，这是生命进行的各种尝试而已。随着"试验"的结束，失败品被大自然淘汰，当然，幸存者也依旧要养精蓄锐，以应对下一次"试验"。

▲纹兔袋鼠：1906 年灭绝

寒武纪

中生代的第一个纪。代表符号为"∈"。"寒武"一词源自英国威尔士一个古代地名的日语汉字音译，中国沿用。开始于5.7亿年前，结束于5.1亿年前。分早、中、晚三个世。生物群以海生无脊椎动物为主，特别是三叶虫、低等腕足类和古杯动物。红藻、绿藻等开始繁盛。这个时期形成的地层叫"寒武系"。

▲亚洲狮：1908 年灭绝

▲中国白臀叶猴：1882年灭亡

生物的灭绝又分两种，在漫长的进化过程中，物种数量的长期稳定与短期剧变总是相互交替的，灭绝以不同的规模出现。在稳定期内，平均新生率远远大于平均灭绝率，总的平均灭绝率总是维持在一个低水平上，这种低水平灭绝被称作常规灭绝或称背景灭绝（意为每天都在发生，而不被我们重视的灭绝）；与此相对应，在剧变期，许多生物门类在短期内大量灭绝，生物进化进程突然中断，使灭绝率突然升高，而新生率则降得很低，这种大规模的灭绝叫做集群灭绝或大灭绝。

虽然想到人类也会灭绝，感觉总是不好，但此是自然规律。而且，自从寒武纪生物大爆发以来，地球上的生命进化并非一帆风顺，地球上生命的起源至少可以追溯到35亿年前，但在很长一段时间里，地球上的生命形式只有微生物和细菌，这一现象一直维持到距今约5.3亿年前的寒武纪早期。

在寒武纪，多细胞动物突发性地在海洋中出现。据统计，自寒武纪以来，明显的生物大灭绝事件发生了15次，其中有5次影响遍及全球，分别是奥陶纪－志留纪之交、晚泥盆世弗拉斯期－法门期之交、二叠纪－三叠纪之交、三叠纪－侏罗纪之交和白垩纪－第三纪之交。但这些灭绝的原因到现在还没有定论，所以我们也说不好，这5次大灭绝如果任选其一再重演一次，人类是不是扛得住？

古杯动物

古杯动物是一类绝灭了的底栖海洋动物，多数为单体，少数为群体。单体外形多似杯状，故有"古杯"一名。古杯动物的骨骼，通称为杯体，由方解石显微晶粒组成。杯体的始端部分叫杯尖，在杯体的基部常有根状的固着根。古杯动物的生物归属尚未查明，一般视为一个独立的动物门。主要生存于寒武纪，是划分寒武系的重要化石。已描述有300多个属，近1000个种。

►古杯动物生活在五亿年前的海洋里，体分支，每支呈杯形，固着在海底的礁岩上，形体近似于珊瑚和海绵

第二乐章

“后天”

北大西洋洋流停止流动，几天之内，南北极冰山融化，大量淡水注入海洋，罕见的飘雪出现在印度，雹灾重创日本东京，龙卷风横扫美国洛杉矶，大水排山倒海般地冲入纽约市……这是电影《后天》的场景，营造了温室效应造成全球气候剧变，带来严重的自然灾难，而古生代的 2 次大灭绝就有点类似于这个场景。

▲深海珊瑚

第一次生物大灭绝，发生在距今 4.4 亿年前的晚奥陶世，是地球史上第三大的物种灭绝事件，约 85%的物种灭亡。这一时期大多数生物的机体是软体组织，形成化石的几率很小，只有那些具有壳或硬组织的动物才留下了比较多的线索，因而我们无法弄清楚当时到底发生了什么，以及都有哪些物种受到了影响。据估计，大约有 100 个科的生物灭绝了，在属种级别上灭绝率更高，如腕足类属的灭绝率为 60%，种的灭绝率可达 85%。此次灭绝事件对低纬度热带地区生物的影响较大，而对高纬度地区和深水区生物的影响相对较小。

▶浅海珊瑚

▲三叶虫化石

备受人民群众喜爱的三叶虫就在这次灭绝中元气大伤的，此后再也无法恢复以前的繁荣。古生物学家认为这次物种灭绝是全球气候变冷所致。

在大约4.4亿年前，现在的撒哈拉所在的陆地曾经位于南极，当陆地汇集在极点附近时，容易造成厚厚的积冰——奥陶纪正是这种情形。大片的冰川使洋流和大气环流变冷，整个地球的温度下降，冰川锁住了流水，海平面降低，原先丰富的沿海生物圈被破坏了，导致了物种大灭绝。

第二次大灭绝，发生在距今约3.65亿年前的晚泥盆世，是地球史上第四大的物种灭绝事件，此次，海洋生物遭到重创。经过这次灭绝，70%的物种消失了，灭绝的科占当时科总数的30%，灭绝的海生动物达70多科，其灭绝情况可能比陆生生物更为严重。这次灭绝事件的时间范围较宽，规模较大，受影响的门类也多。当时浅海的珊瑚几乎全部灭绝，深海珊瑚也部分灭绝，层孔虫几乎全部消失，竹节石全部灭亡，浮游植物的灭绝率也达90%以上，腕足动物中有3大类灭绝。

对于这次灭绝的起因我们知之甚少，可能是5次大灭绝中我们最无头绪的一宗谜案。唯一的线索是，此次大灭绝中受影响最大的是那些生活在暖水中的物种，因此很多古生物学家认为造成这次大灭绝事件的原因，是一次与奥陶纪末相似的全球变冷事件。同时还有迹象显示，当时比较浅的水域里氧气含量也诡异地下降。

▼三叶虫的种类很多，却无一不是难逃灭绝的厄运

第三乐章

换代大清洗

到了二叠纪，地球上一派欣欣向荣的景象，菊石、珊瑚还有鱼类在海洋中非常繁荣，两栖动物以及爬行动物进一步深入内陆活动，这段相对稳定的时期持续了大概1亿年。到了晚二叠世，大约在2.5亿年前，地球历史上最大的一次大绝灭事件发生了。至于本次灭绝的原因，古生物学家认为，大规模海侵和缺氧可能是海洋生物灭绝的一个起因。

海侵，或许可以理解为海水的入侵，就是指在相对短的时期内，因海面上升或陆地下降，造成海水对大陆区侵进的地质现象。这一幕就大规模发生在二叠纪的地球，那时，所有的大陆聚集成了一个联合的古陆，富饶的海岸线急剧减少，大陆架也随之缩小，生态系统受到了严重的破坏，很多物种的灭绝是因为失去了生存空间。

更严重的是，当浅层的大陆架暴露出来后，原先埋藏在海底的有机质被氧化，这个过程消耗了大量氧气，并释放出大量二氧化碳。大气中氧的含量有可能减少了，这对生活在陆地上的动物非常不利。随着气温升高，海平面上升，又使许多陆地生物遭到灭顶之灾，海洋里也成了缺氧地带。现在的二叠世地层中大量沉积的、富含有机质的页岩便是这场灾难的证明。

二叠纪是古生代的最后一个纪，代表符号为“P”。也是重要的成煤期。因在德国这一时期地层二分性明显，故称“二叠”。分为早、晚两个世。二叠纪开始于2.9亿年前，结束于2.5亿年前。

无脊椎动物以四射珊瑚、蜓、腕足类、菊石等为主。植物除石炭纪时已发现的种类外，原始松柏类、苏铁类等发育。这一时期形成的地层称“二叠系”。

二叠纪的地壳运动比较活跃，古板块间的相对运动加剧，世界范围内的许多地槽封闭并陆续地形成褶皱山系，古板块间逐渐拼接形成联合古大陆（泛大陆）。陆地面积的进一步扩大、海洋范围的缩小、自然地理环境的变化，促进了生物界的重要演化，预示着生物发展史上一个新时期的到来。

▲二叠纪时鱼类在海洋中开始繁荣

▲二叠纪时期，生物界发生了重大变革

▼二叠末,横板珊瑚全部灭绝

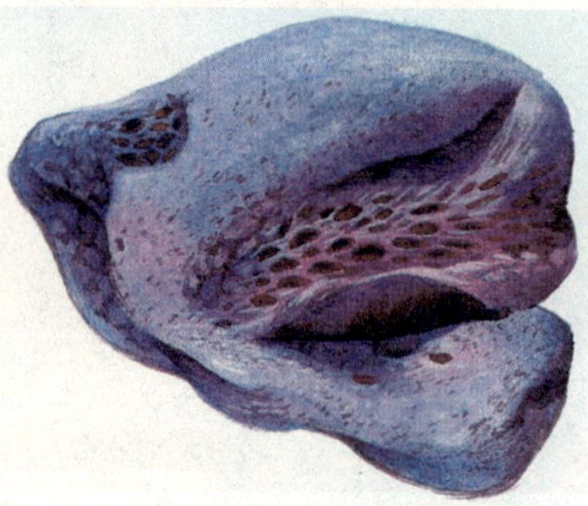

第三次大灭绝是地球生命史上最大也是最严重的物种灭绝事件，估计地球上有96%的物种灭绝，其中包括90%的海洋生物和70%的陆地脊椎动物；其灭绝科数占当时动物科总数的50%左右，包括两栖类75%的科和爬行类80%的科。

这次大灭绝使得占领海洋近3亿年的海洋生物从此衰败，许多古生代繁盛的重要生物门类，如三叶虫、盾皮鱼等著名的门类，均遭灭门，曾长期统治浅海底域的腕足动物，那一堆XX贝全部消亡，连深水海域里的放射虫等也惨遭重创。这些空出来的生态区位很快孕育了新的生物种类，生态系统也获得了一次最彻底的更新，为恐龙类等爬行类动物的进化铺平了道路。

古生物学界普遍认为，这一大灭绝是地球历史从古生代向中生代转折的里程碑。

当时我写这篇稿子的时候，恰好是国足又遭惨败，是屡战屡败，还是屡败屡战已经无所谓，或许，国足也到了要全部推倒重来的地步了，痛痛快快来一次二叠世式的换代吧。

▶恐龙出场，那么，第一个出场的是谁呢？我们不得而知

第四乐章

成也灭绝，败也灭绝

中生代，我们通常称之为恐龙时代。这个时代发生过两次大灭绝，第一次成就了恐龙的兴起，后一次则令恐龙消亡殆尽！大自然的力量实在令人匪夷所思。

▲历经一次生物大灭绝后，三叠纪时生物面貌大改观，以恐龙为代表的爬行动物开始繁盛

恐龙的兴起得益于第四次大灭绝，发生在距今1.95亿年前的晚三叠世。这次大灭绝造成的影响相对轻微，是5次大灭绝中最弱的，但也有1/3的科、76%的物种在此时期灭绝。其中海洋生物有20%的科灭绝，陆地上大多数非恐龙类的古爬行类、似哺乳类和一些大型两栖动物都灭绝了。这次灭绝也同样是谜团重重，并没有特别明显的标志。

晚三叠世的古陆上许多地区出现的干旱，是这次大灭绝的罪魁祸首，但干旱并不能说明灭绝的突然性，看看现在非洲每年的干旱虽然能夺走不少人命，但总不至于让人灭绝。

▲腔骨龙是生存于晚三叠世的小型食肉恐龙

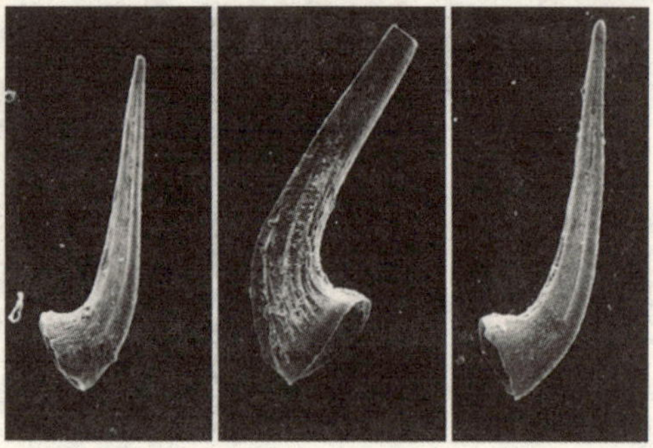

▲奥陶纪的牙形石

▲古老的头足类动物——鹦鹉螺

最近，古生物学家认为，一次快速而大幅度的海退－海进可能会造成海洋生物的大灭绝，海平面下降导致生命的生活环境缩小，紧接着快速上升又导致海洋缺氧，生命就这样被活活“折腾”死了。但这个假说无法解释近乎同时发生的陆生生物的灭绝。有人曾用流星撞击地球来解释这场灾难，但对流星撞击所留下的陨石坑测定发现，其撞击时间远在三叠纪－侏罗纪之前。还有人认为是中大西洋的玄武岩浆大规模喷发造成的这一结果，广泛的火山喷发释放出大量气体，致使大气中二氧化碳含量迅速增加，导致全球变暖。但对古土壤的研究表明，我们高估了当时二氧化碳的增加量。于是，古生物学家又来了一个“灭绝原因全家福”：晚三叠世的大灭绝事件发生在一个气候长期变化、海平面快速波动，并伴有发生地内外灾难的背景下。

在这次灭绝中，牙形石类全部灭绝，菊石、海绵动物、头足类、腕足动物、昆虫及陆生脊椎动物中的多个门类，都走到了进化的终点。它们腾出了许多“生态位”，为很多新物种的产生提供了有利条件，恐龙就是从此开始了它们统治大地的“征程”。

最后一次大灭绝，则无情地将恐龙从地球上抹去，这也是最令人熟知的一次大灭绝，自然就有了很多奇奇怪怪的假说，我们将逐一介绍，到底是什么原因，就请您自己判断了。

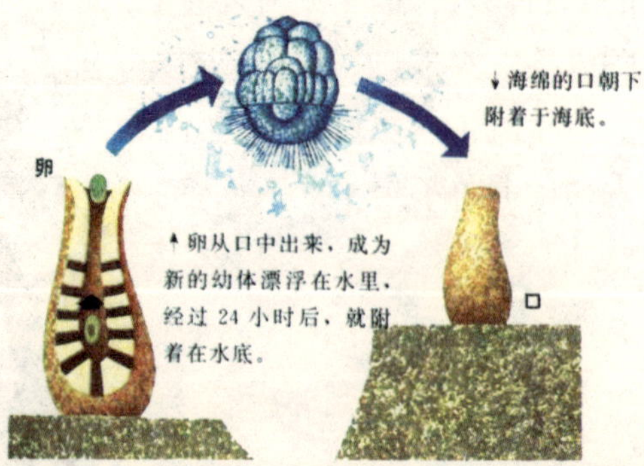

►海绵动物的身体构造

PART 5

抓住鱼龙的玛丽

古生物史，或是整个科学史，都有很多激动人心的传奇，很多科学家在排除万难之后，终于到达彼岸，从而得到光芒四射的荣誉。在很多时候，这些传奇就犹如一棵炫烂夺目的圣诞树，上面挂满了各式各样令人心动的彩球、彩带、星星，树下则堆满了礼物盒。这些其实都是浮光掠影，礼物盒其实也是空空荡荡，不少时候，你最后得到的只是一双臭袜子而已。

第一乐章

超级玛丽

古生物史，或是整个科学史，都有很多激动人心的传奇，很多科学家在排除万难之后，终于到达彼岸，从而得到光芒四射的荣誉。在很多时候，这些传奇就犹如一棵炫烂夺目的圣诞树，上面挂满了各式各样令人心动的彩球、彩带、星星，树下则堆满了礼物盒。这些其实都是浮光掠影，礼物盒其实也是空空荡荡，不少时候，你最后得到的只是一双臭袜子而已。

因为古生物学家们也都是凡人，就像美国梦的背后更多的是艰辛，从这一期开始，我会介绍这个学科中一些耳熟能详的“星”，八卦他们，透过他们身上的光环，还原出他们真实如邻家的本色。

这一次先说玛丽的故事，“Mary”在英伦或是整个英语国家都是一个极为常见的名字，其中扛大旗的要属《圣经》中耶稣的母亲玛丽亚（也有译作马利亚），也就是 Blessed Virgin Mary，而在希伯来语中，Mary 意为“苦”，唤此名字的人，据说多半会文静、温和。

▼蛇颈龙被上龙捕杀的恐怖场景

有趣的是，在古生物学中，玛丽这个名字则是非常出彩，我曾经开玩笑说，以后如果生了女儿，就叫她邢玛丽。因为玛丽已经揽获了大量的古生物发现，比如玛丽·安宁发现了鱼龙与蛇颈龙、玛丽·安帮助丈夫发现了禽龙、玛丽·利基在非洲发现了大量古人类化石等等，所以说，玛丽这个名字是古生物中不灭的幸运星。

▲鱼龙是中生代生存过的已绝灭的鱼形爬行动物

▲玛丽·安宁女士

这几期我要讲讲玛丽·安宁（Mary Anning），很多国内的科普书，都把安宁描绘成为古生物事业奋斗终身的人，简直就是红白机时代的超级玛丽，这“光辉版”的安宁传奇可见下文：

安宁当年只有12岁，家境贫困，父母亲没有能力负担她上学的费用，失学在家。但是，安宁很懂事，每天总想着如何为家庭分忧，她经常跟父亲一起到海滨拾贝壳、捡化石，然后卖给城里的有钱人家赏玩，渐渐地，她有些经验了……

▲海滨贝壳

一天，父亲忙于别的事，母亲在家里劳动，她就一个人向海滨走去，希望能找到一些“宝贝”好换钱，贴补家用……她又一次把目光投到周围的岩石上，在离她不远的一块灰黑色的薄板状的岩石上仿佛有一样带花纹的东西，吸引着她走了过去，俯身细看，是一块不寻常的岩石，好像一条大鱼的骨骼清楚的印在上面，有嘴、有头，有半个躯体，但后半身还埋在岩层内，她估计了一下，足有她整个身子那么高，凭她的力气和空空的双手是无法取出来的，即使取出来，也背不回去……

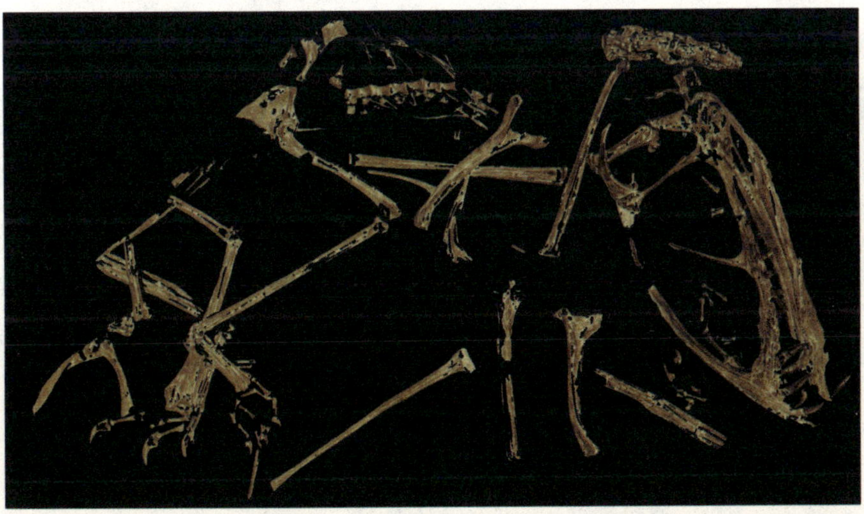

◀玛丽还发现过不少的翼龙化石

第二乐章

莱姆镇

上回说到"光辉版"中的安宁在海边发现了化石，然后父女俩同心协力，很快将这块鱼形的宝贝取下了。但化石有3米长，两个人根本抬不动，只好请人帮忙才抬回了家。消息很快传开，伦敦自然史博物馆的科学家听到后，前来观看，认为这是十分重要的化石，于是欣然将其收购。经专家们反复研究，终于确定，这是生活于距今1.7亿年前侏罗纪海洋里的鱼龙化石。又过了几年，安宁还发现了一条蛇颈龙化石。由此，古生物学史上留下了这位女孩——玛丽·安宁的名字！

这真是一个可以归入励志类的文章，但实际的情况是什么样子的呢？

▲距今2.5亿年的美国石化森林公园（Petrified Forest National Park）场景复原

▼莱姆镇的化石商店

▶玛丽的蛇颈龙化石

▲1869年时的莱姆镇

▲落日中的莱姆镇

我们先介绍一下安宁的家——莱姆镇，被称为“多塞特的明珠”，以丰富的化石资源闻名于世。这处海滨至少在两部名著中被重彩描写过，一是赫胥黎的《天演论》，一是约翰·福尔斯的《法国中尉的女人》。福尔斯写到：莱姆镇和埃克茅斯之间，有一片六英里长的地段向西伸展着，这是英格兰南部最奇特的海边风景区之一。从飞机上看，这片风景区并不壮观。在海岸的其他地方，四野往往通到峭壁的边缘……低处是深深的峡谷，高处是白垩和燧石形成的奇形怪状的悬崖峭壁。这些悬崖峭壁宛如废弃的古堡墙壁，从周围苍翠的树林中拔地而起。而文中主角查尔斯也正是整天去海滩捡化石以期待与莎拉邂逅。

此外，《傲慢与偏见》的作者，简·奥斯汀在《劝导》中对此也曾有过美轮美奂的描写“……引人遐想的山岩间，丛林稀疏，果园里却果实累累。沧桑变迁的遗迹依稀可辨，多少年前的崖壁断裂坍塌后，几经风蚀，形成了这片使人赏心悦目的风景区，几可与名闻遐迩的怀特岛相媲美。”

◀《傲慢与偏见》的作者，简·奥斯汀

▲这些也许就是古生物留存的痕迹

此前，我有幸去过一次莱姆镇，那里至今仍是寻找化石的天堂。在一大片海滩上，很容易发现鹦鹉螺和箭石，甚至是海龙类化石。而且，按照当地法律，你只要是在海滩上拾捡，而不是开凿岩层取出化石，就不算违法。不过你可要好好看看当地海事处贴出来的潮汐表，别被涨潮的海水卷走了。而莱姆镇的游客中心也会给予游客指引，定期举行收集化石的短线旅游。

第三乐章

但求温饱

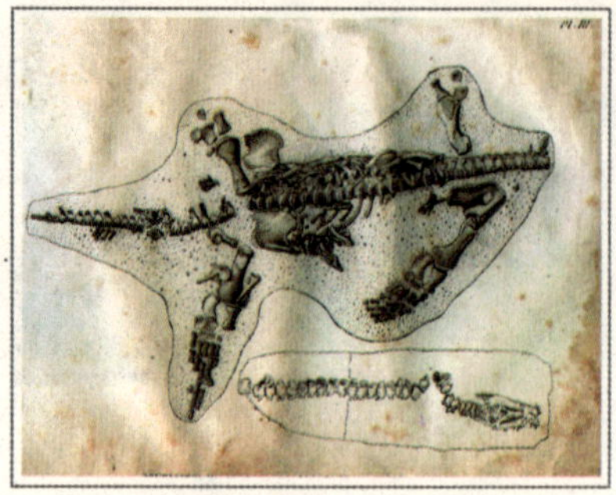

简·奥斯汀的哥哥曾是一名舰长，服役于英国皇家海军舰队，参与过后风帆时代规模最大的特拉法尔加海战。战后，奥斯汀一家到莱姆镇度假，奥斯汀在写给妹妹卡桑德拉的信中提到过一个叫理查·安宁的木匠。说是这位不信国教的木匠手艺了得，但却在温饱线上挣扎。

理查·安宁就是玛丽·安宁的父亲。1810 年，他病入膏肓，抛下妻子和 13 岁的幼子约瑟夫和 11 岁的安宁而去。理查一共有过 10 个孩子，但是他们生活在剥削最残酷的资本主义原始积累时期，有 8 个孩子先后因为饥寒交迫而夭折了。理查死后，留给妻子和两个孩子的是家徒四壁和一屁股债务。穷人的孩子早当家，自约瑟夫懂事以来，他就常常带着妹妹去海边悬崖挖些化石卖钱，这门技术是他父亲一手传给他的。

后来，安宁就经常去海滩捡贝壳和采集小化石，然后将它们卖给游客。后来，人们普遍认为，她的经历就是那首著名的绕口令《她在海边卖贝壳》的原始素材，你可以挑战一下你的舌头：She sells seashells on the seashore，And the shells she sells are seashells，I am sure，if she sells shells at the seashore，the shells she sells are seashells for sure. （大意：她在海边卖贝壳，我肯定她卖的贝壳是海贝壳，如果她在海边卖贝壳，她卖的当然就是海贝壳喽）

▼玛丽的贝壳

▲上龙化石

1809年，约瑟夫在一处断壁上发现了一具巨大的动物化石，他高兴地发动全家人去挖掘。年仅10岁的玛丽在发掘中显示出了她对这项工作的天分，这具化石很多精致的部分，比如像玉米棒的鱼鳍、面包圈式的眼睛都是由她采集出来的。理查死后，安宁一家经过近一年断断续续的挖掘，终于可以把这具完整的动物化石拿去兜售了。化石很快被一位叫霍姆的学者买下了。这具化石是世界上第一具被带入科学殿堂的完整鱼龙化石。霍姆对它进行了反复的研究和思索，但是他仍然没能跳出传统思维的桎梏，最终于1819年将其命名为蝾螈龙，并宣称这是鳄鱼和蝾螈的中间品种。

顺带一提，尽管安宁一家挖出的化石很出名，但她们始终生活在穷困之中。直到十九世纪二十年代，一位富有善心的收藏家在了解到安宁家的窘境后大发慈悲，把自己的上等化石藏品全部拍卖并将所得赠给安宁家，她们才终于过上了温饱的生活。

此后，安宁还发现了完整的蛇颈龙和翼龙化石，这是后话了。

所以，安宁当然不是那种为古生物事业奋斗终身的人，挖化石是安宁一家得以活命的唯一保证，什么“热爱”之类的根本无从谈起。对于化石，安宁手中所有的工具就是榔头和篮子。

英格兰有一首儿歌《Mary had a Little Lamb》，大意是玛丽有一只小羊羔，它的毛像雪一样白，不管玛丽去那里，这只羊羔一定去。而追随安宁的则是一条黑白相间，非常可爱的小猎犬，这只嗅觉敏锐的小狗常常与玛丽一起寻找化石。但小狗在后来一次外出中，因为坚守在一个化石旁边，而被崩塌的岩石压死了，成了科学的殉难者。

▶玛丽·安宁和她心爱的小狗

和简·奥斯汀一样，安宁终身未嫁，48岁那年在乳腺癌的折磨中去世。

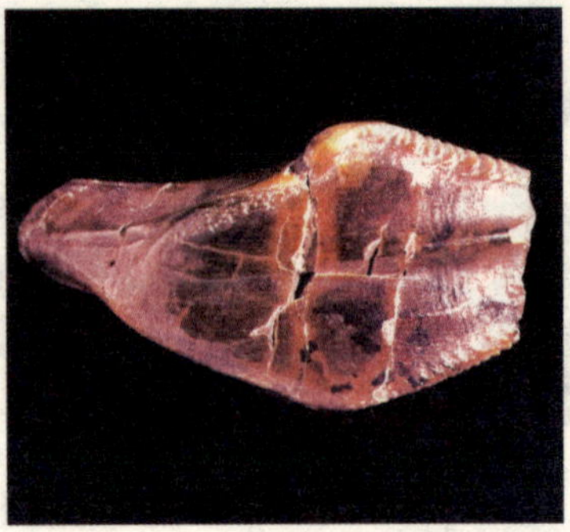

PART 6 恐龙创世

恐龙，甚至整个古生物学科，是在哪里起步？

此前，人们从来未曾想过，在我们的后院里，在我们的家园中，居然有一群叫“恐龙”的动物，而且在地球上生存了将近1.6亿年之久。所以，谁是最早发现并描述恐龙的人？这可是一个了不得的成就，成就越大，争议也就越多，因此，便有了很多故事……

第一乐章

从“人的阴囊”到巨齿龙

▼巨齿龙

恐龙，甚至整个古生物学科，是在哪里起步？此前，人们从来未曾想过，在我们的后院里，在我们的家园中，居然有一群叫“恐龙”的动物，而且在地球上生存了将近 1.6 亿年之久。所以，谁是最早发现并描述恐龙的人？这可是一个了不得的成就，成就越大，争议也就越多，因此便有了很多故事……

▼“人的阴囊”其实是恐龙股骨基部化石

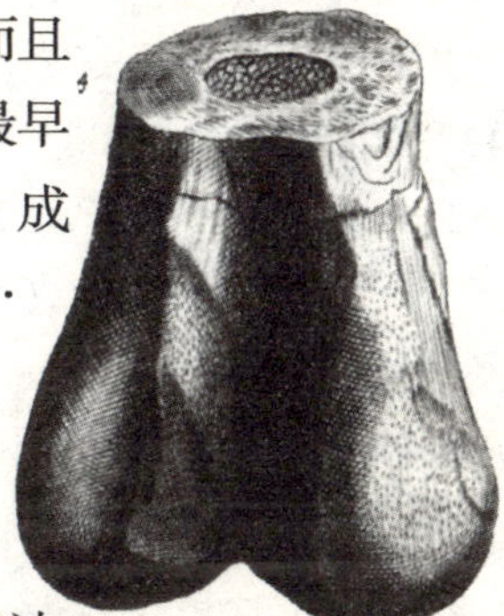

纵观整个恐龙研究史，最初是在 1676 年，英国某地发现了一批奇怪的大骨头，并有幸被有心人记录下来，虽然当时它们是被当作违背上帝旨意而被扼杀的生灵遗骸。1677 年，文物研究者波尔蒂博士于是将其中一块骨头，命名为“人的阴囊”，其实这是恐龙股骨基部化石，可见当时的人们根本就没有恐龙这类生物的概念。

恐龙为什么叫“恐龙”

最早命名的恐龙是巨齿龙，而最早发现的恐龙则是禽龙，其牙齿和骨骼化石是英国刘易斯小镇的曼特尔医生与妻子安于1822年3月在英国南部苏塞克斯采集到的。

在曼特尔和巴克兰前无古人的研究后，这类动物开始揭开神秘的面纱。1841年7月30日，英国古生物学家欧文爵士在普利茅斯的一次演讲中，把这些奇怪的动物命名为“dinosauria”，并在1842年首次见诸于《英国化石爬行类》一书。这个名词的原意来自于希腊文“deinos”（巨大、恐怖的）和“Sauros”（类似于蜥蜴的爬行类），欧文还在论文中加了一个脚注，英文是“fearfully greatalizard”（非常巨大的蜥蜴）。可见欧文的原意是想描述一种巨大的、令人敬畏的动物，而不是许多辞典所解释的“terrible lizard”（恐怖的蜥蜴）。

“Dinosauria”这个词很快传播到全世界。在东方，日本人最早接触到它。最初的翻译有“恐竜”与“恐蜥”两种。关于恐龙命名的争论直到二战后才得到彻底统一，静岗大学文学部的荒川纮认为：“蜥蜴太过于贫弱，竜更加给人以心理上的震撼，所以恐竜的译法更合适。”而“竜”字音龙。于是“竜”、“龙”便相讹混淆。如此，国人就把日文“恐竜”一词衍生为“恐龙”，恐龙之名就叫开了。

而真正意义上的科学描述恐龙的桂冠落在了巴克兰和曼特尔身上。前者是有着许多怪癖的牛津大学地质学家兼牧师，喜欢在房间里饲养鬣狗和豺。巴克兰试图把这类已绝种的大型爬行动物与《圣经》中的“创世纪”联系起来，以此来证明伟大上帝的存在。后者是鞋匠的儿子、皇家外科医师学会会员、皇家炮兵医院的外科医生。曼特尔虚荣心强，自命不凡，固执地认为恐龙会使他成名且富足，但却未料因此断送了自己的性命。可不管怎么说，古生物史上再也找不出一名像他这般投入的业余古生物学工作者。

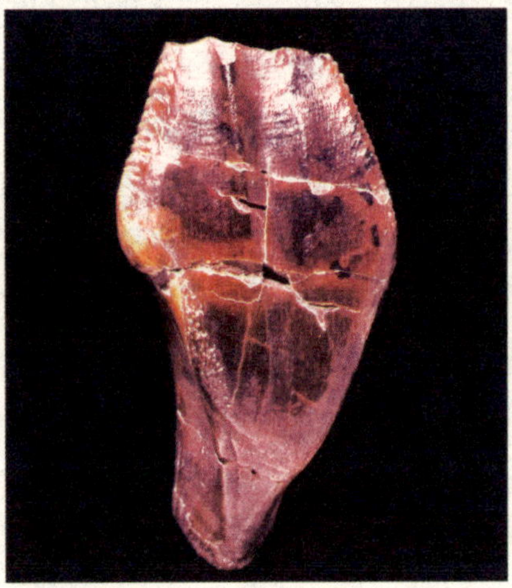

◀禽龙第一块化石，一枚牙齿

1818~1819年间，巴克兰在牛津城外一个名为斯通菲尔德的小镇搜集到一批颇为奇特的化石，包括一块长着匕首状牙齿的颌骨以及一些十分零碎的脊椎、肢骨与肋骨。1824年，他将这种动物命名为巨齿龙，意思是“巨大的蜥蜴”，这就是第一只被科学命名的恐龙。

但人们却经常把最早发现恐龙的光环笼罩在曼特尔身上，到底是他发现化石的时间比巴克兰早，还是他就是一位悲剧英雄？相关故事很多，但出入很大，下面就让我们到曼特尔的城镇小天地看看。

第二乐章

阿白垩王国刘易斯

记得几年前，我得一机缘访问英伦，公事办妥之后就匆匆前往刘易斯镇朝圣。从伦敦枢纽中转站维多利亚站坐上火车前往布莱顿市，这趟列车会途经刘易斯镇站。有一点一定要注意，初次乘这趟列车，请务必向站台引导员询问清楚，您踏上的车厢是不是开往刘易斯镇？而且一定要问清楚车厢，因为中转站的列车经常在很短的时间化整为零，转眼之间，几个不知道从哪里冒出来的火车头拖着几个车厢就屁颠屁颠走了，经常有初来乍到者上错车。

刘易斯镇距离伦敦以南 65 千米，它的名字来自盎克鲁 – 撒克逊语“Hlew”，即为“山”之意。与中国的山城重庆类似，这座位于英国英格兰东南部的城镇也是建在山地上。刘易斯镇历史悠久，1264 年，英格兰国王爱德华一世与其父在对贵族的内战中，在此惨败，史称“刘易斯战役”。

今日的刘易斯镇是东苏塞克斯郡首府，东苏塞克斯郡给游客印象最深的应该是峻险壮观的白崖。白崖之所以白，是由于它的构成是一种名为白垩的极细而纯的粉状灰，如果把这些粉状灰拿到电子显微镜下，你会发现一个美轮美奂的世界……

◀白崖夕照

▼白崖山色的峭壁特写

它们全部是直径在30~10微米以下的极为微小的钙质超微化石，有的像椭圆形的盘子，如颗石（Coccolithus）、桥石（Gephyrocapsa）、艾氏石（Emiliania）；有的像螺旋形条纹的盘子，如钙盘石（Calcidiscus）；有的像长棍状的法国面包，如棒石（Rhabdosphaera）；有的像一条独木舟，如舟石（Scapholithus）；有的则像是一堆可口的馕，如条球石（Syracosphaera），等等。这些钙质超微化石加上与其共生的有孔虫化石，就在英、法海峡两岸形成美丽的白崖，这片白崖绵延几十千米，在大西洋的潮水日夜冲击之下，惊险而壮观。

这片海岸线之后便是一个个古色古香，有着深厚历史积淀的小镇。刘易斯镇就是一个典型的英式小镇，这里安全、静谧、居民极为友善，漫步于此，总是让人感到别样的宁静与气度，一种日不落帝国的高贵气质若隐若现。

古镇最大的好处就是很难感觉到时间的消逝，而早春的蒙蒙细雨透着寒意，不紧不慢的雨水沁人心脾。我坐在刘易斯镇上的咖啡馆里，点了一份炸鱼配土豆条，蘸着盐或醋，想着184年前，即是1822年的3月某天清晨，曼特尔老兄在这里，可能就在我附近的一座民宅中，都干了些什么……

▼曼特尔（1790-1852）

◀刘易斯小镇上古老的教堂

第三乐章

安的意外收获

1822年的3月某天清晨，曼特尔一边喝着咖啡，一边欣赏着家中展示橱窗里面的鳄类、蛇颈龙等爬行动物的化石，最后，他的目光停留在一块巨齿龙股骨上，这位孤僻而自负的大夫的嘴角露出了一丝胜利的微笑，这可是他花了重金才买回来的。用咖啡醒神后，曼特尔穿上毛衣和外套，再披上雨披，告别正怀着两个月身孕的妻子安，下乡间出诊了。

安非常敬重自己的丈夫，深深感动于他对化石的执著追求。时间久了，安自己也对这些奇怪的石头产生了兴趣，虽然初衷是为了和丈夫找到共同语言从而更好地相处。现在，安经常跟着曼特尔到野外考察，曼特尔采集标本，安则绘制地层图，几年下来，整个东苏塞克斯郡差不多被他们跑遍了。前几天，卡克费耳德梯尔盖特森林矿场的矿工又送来了一堆含有小骨头的矿石，此时就堆在房前小池塘的边上，闲着无事，安开始仔细地查看这堆石头，“碎石堆可是一个经常能找到小化石的宝地”安自言自语地说。

▲巨齿龙最初的复原图

▲巨齿龙已发现的骨骼化石示意图

▲巨齿龙长着匕首状牙齿的颌骨化石

◀法国动物学家、古生物学家居维叶

居维叶

居维叶（1769–1832），法国动物学家、古生物学家，比较解剖学和古生物学的开创者。他使记述解剖学发展为比较解剖学并成为动物分类的根据。将动物界分为脊椎动物、节足动物、软体动物与辐射动物四大支。所作巨著《骨化石》（十卷），记载与描绘了巴黎盆地进行过的发掘，对脊椎动物的化石进行了鉴定和分类。他用化石来确定和划分地层年代，根据不同地层中所观察到不同类型的化石，提出了激变论，竭力反对拉马克的进化学说。

突然，她发现一块岩石的断面上有几个非常圆润光滑的小东西，在阳光下闪烁着黑亮的光芒，出于女性特有的敏感，她把这些化石小心翼翼地撬了出来（资料多说安是接丈夫回家的途中，在修路的石头堆里发现的化石，但无可考，难以取信）。

直到中午，曼特尔才赶回家。当他接过这些化石时，欣喜若狂。这些化石硕大无比，竟长达数厘米，它们呈现出奇特的凿子形状，同时在一侧具有凹槽。如同那个时代许多博物学者一样，曼特尔同样拥有着精湛的地质学知识。他知道梯尔盖特森林矿场是白垩世的地层，而且应该是淡水湖相沉积。根据这些线索，曼特尔研究以后断定，这是动物的牙齿化石，这种动物生活在白垩纪、食草、爬行、体形庞大，可能有十几米长！可这是什么动物的牙齿呢？曼特尔陷入了深深的困惑。

深秋，曼特尔得知好友莱尔要去法国拜访居维叶，便委托莱尔把其中一颗牙齿化石与部分骨头带给居维叶鉴定。居维叶，这位法国男爵科学家曾经是拿破仑的旧臣，此时他已经年过五旬，正闲赋在家。他仔细观察了化石后，发现牙齿的齿冠曾经受到高强度的磨损，以至于成了平滑的倾斜状，很明显这种动物是以植物为生的，于是男爵便轻描淡写地断定这是颗犀牛的上门齿，骨骼则是河马的，属于洪荒时代的动物。

第四乐章

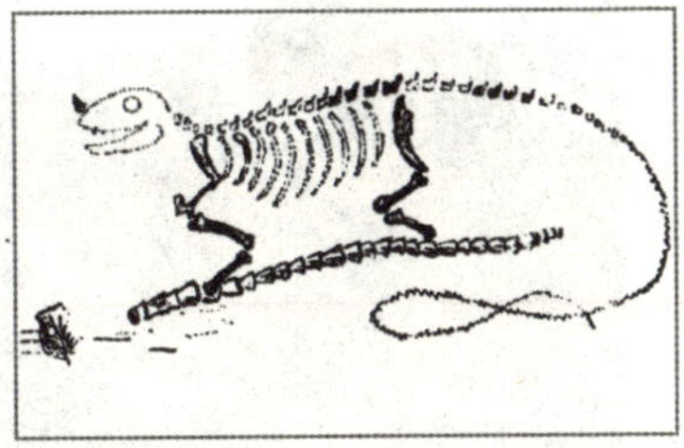

禽龙开启龙时代

现在我们都知道，居维叶显然是误判了这具可怜的动物，这是居维叶一生中为数不多的几个错误之一，后来他为这次的错误高姿态地道了歉。但男爵在误判的同时还提供了一个后来至关重要的线索，他建议那位发现这颗牙齿的先生可以去伦敦皇家外科学院的亨特瑞安博物馆对比查证一下，因为这个博物馆有着大量的动物骨骼可供对比。

▲伦敦皇家外科学院亨特瑞安博物馆有着极为丰富的脊椎动物骨骼标本

曼特尔对莱尔带回的答复很不满意，他坚信自己发现的是某种尚不为人所知的史前动物。于是曼特尔又把化石送给英国牛津大学的巴克兰鉴定，巴克兰一听说这些化石已经由居维叶鉴定过，也毫不迟疑地同意了男爵的说法。这位身穿长袍、手牵鬣狗的牧师还劝曼特尔要小心行事，如果鉴定错了成了笑料，那么以前好不容易积累的好名声就毁了。

◀劝曼特尔要「小心行事」的巴克兰

众口铄金，现在曼特尔也开始怀疑自己的最初的判断，但他仍然不相信这一结论，于是开始独自进行研究。1825年，还是毫无头绪的曼特尔突然想起男爵说过可以去亨特瑞安博物馆对比标本，于是便来到了这座古老的博物馆。

▶禽龙

▲我是著名的加拉帕戈斯鬣蜥,禽龙和我长得像吗?

也是机缘所至，在这里，曼特尔遇到了访问学者斯塔奇伯里，斯塔奇伯里当时年仅27岁，是一位博物学家与地质学家。斯塔奇伯里看了曼特尔的宝贝牙齿后说："咦，这和我正在研究的南美洲的鬣蜥的牙齿好像差不多啊，你看。"

这一语惊醒梦中人，曼特尔看着斯塔奇伯里手中鬣蜥的牙齿，顿时惊呆了——两者竟然如此相似！于是，曼特尔毫不犹豫地给自己发现的动物取名"鬣蜥"，认为它是鬣蜥已绝种近亲的牙齿。后来，在英国牧师科尼贝尔，也就是沧龙的命名者的建议下，曼特尔才把这种史前巨兽的名字更改为iguanodon，意思是"鬣蜥的牙齿"，其中字尾don，源自希腊字根，意即牙齿，这便是后来为我们所熟知的禽龙。

就在曼特尔兴高采烈地写了禽龙的论文，递交给英国皇家学会后，他得到一个非常不幸的消息：一个与禽龙同时代的史前巨兽刚刚有人作过正式描述，而且这人不是别人，就是奉劝曼特尔不要仓促行事的巴克兰牧师，化石被命名为巨齿龙！当曼特尔心有不甘，愤恨不平发表了禽龙论文后，却发现，古生物学家对恐龙的认识是从禽龙开始引爆，而不是在巨齿龙那里。

这到底是怎么一回事？

第五乐章

帕金森横插一脚

原来，巴克兰在《伦敦地质学会学报》发表的一篇论文中，列入了他的好朋友，英国医生兼地质学家帕金森——这位未来的激进分子、帕金森综合征的鼻祖提出并描述的巨齿龙。但他们仅仅注意到巨齿龙的牙齿不像蜥蜴那样直接连着颌骨，而像鳄鱼那样长在牙槽里，他的认识就仅仅这么多！完全没有认识到它的意义，即巨齿龙完全是一种全新发现的史前动物。

总的来说，恐龙的研究起点，是从禽龙开始的，而不是巨齿龙。因为，从禽龙之后，人们才接受了在同一个地球上，曾经存在着比现生冷血、陆栖的蜥蜴，在尺度上有着如此巨大改变的怪兽的事实！可贵的是，居维叶看了禽龙的论文后，很快接受了曼特尔的见解，承认确实有这类巨形的爬行动物，于是，整个生物学界开始为之疯狂，直至今日。

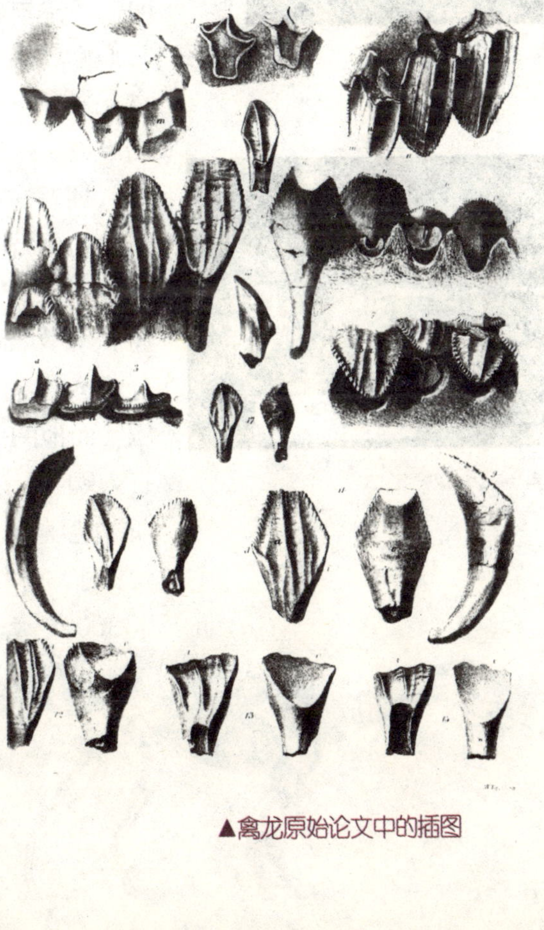

▲禽龙原始论文中的插图

▼曼特尔发现的林龙的复原图

可惜，我们不得不遵守古生物学上的优先权，去违心地把发现恐龙的荣誉送给巴克兰，我多么希望，能加入一些人情味，正视一下各界对此事的反应，让曼特尔获得更大的荣誉。略感安慰的是，大部分人们也是和我想的一样。

◀禽龙前肢的末节骨，一个钉状拇指

事情还没完，接下来的历史令人伤感。曼特尔在禽龙之后，又于1833年发现了林龙，以后又在英国陆续发现了鲸龙、槽齿龙等。其中值得一提的是，1834年，矿工在梅德斯通矿井中发现了一块大石板，上面镶嵌着许多禽龙骨骼。得知这个消息的曼特尔兴奋不已，他连夜筹款，在多个朋友的倾囊相助下，以2500英镑的高价买下了这些化石——这在当时是一笔巨款。然后，他用3个多月的时间把它们修理出来，并根据这些不完整的骨骼，给禽龙画了一张复原图——把禽龙的钉状拇指，错当成了一只角，放到了鼻子上。

▲鲸龙的股骨化石

拥有这批化石后，曼特尔很可能成了英国最大的化石收藏家，以致他越来越热衷于化石的搜集工作，而忽视了他赖以生存的医生职业。家里堆满如山的化石，花掉了曼特尔大部分收入。剩下的钱还要来支付书籍的出版费用，而他的书又因为内容比较局限，所以很少有人购买。比如，他1827年出版的《苏塞克斯郡地质学之梯尔盖特森林的化石插图本》只卖掉了50本，以致曼特尔又很不情愿地倒贴了300英镑。

▲槽齿龙，一种发现于英国的恐龙

第六乐章

欧文的迫害

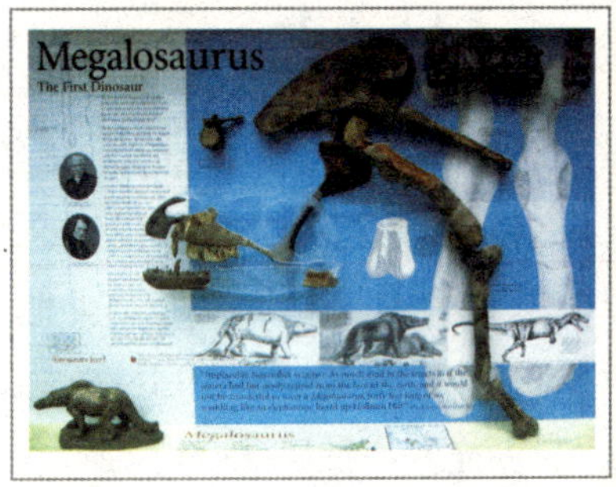

卖书无术的曼特尔紧接着又开始了其另一败笔。

▲曼特尔夫妇

1833年，他举家迁移到布赖顿，并把这座小楼改成了博物馆，企图收取门票费来补贴家用。然而，他后来突然意识到这种商业行为会损害他的绅士地位，于是就改为免费参观。可以想象一下，这样一个小小的家庭博物馆，每天有成百上千的人前来参观，既影响了曼特尔行医，又严重扰乱了他的家庭生活。最后，曼特尔背了一身债务。为了还债，他不得不痛苦地变卖部分化石收藏品。没过多久，他的妻子，忍无可忍的安也带着他的4个孩子离他而去，受此打击，曼特尔一病不起。

此时，古生物学界发生了一件大事。

▼欧文和恐龙骨架

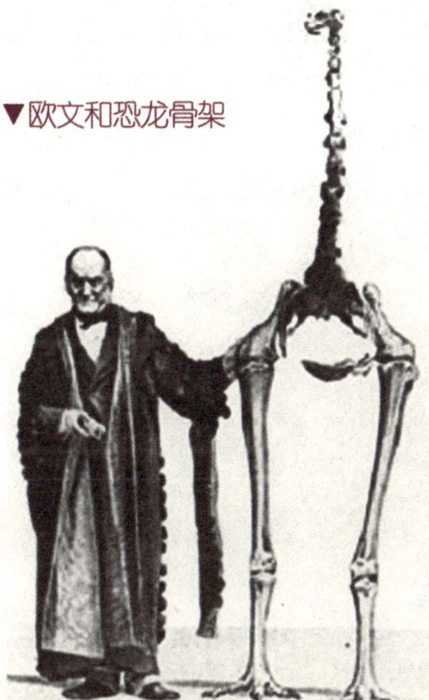

大英自然史博物馆自然史部的总监——欧文爵士要出来命名一大类新物种了。欧文是维多利亚女王和两位首相的朋友，他瘦削阴险、冷漠傲慢、嫉妒心重，而且极具野心，而且无论遇到什么议题，不管自己懂不懂，他总要横加评论，但又常常是夸夸其谈。虽然大家都承认他在解剖学上的非凡才智，但欧文在科学界却没什么朋友，据说还是达尔文唯一讨厌的人。

1841年7月30日，欧文在普利茅斯的一次演讲中，把当时已经发现的9种中生代爬行类命名为“dinosauria”，并在1842年首次见诸于《英国化石爬行动物》一书。这个名词的原意来自于希腊文“deinos”（恐怖、巨大的）和“Sauros”（类似于蜥蜴的爬行动物），欧文还在论文中加了一个脚注，英文是“fearfully great a lizard”（非常巨大的蜥蜴）。可能欧文的原意是想描述一种巨大的、令人敬畏的动物，而不是许多辞典所解释的“terrible lizard”（恐怖的蜥蜴）。

▲1852年，英国著名的动物画家与雕塑家霍金斯为海德公园新水晶宫制造的巨齿龙雕塑，巨齿龙属于大型兽脚类恐龙，牙齿巨大呈锯齿状，顶端向后弯曲而倒伏

虽然欧文自己发现并研究了已知9种恐龙中的2种，但他依旧对曼特尔嫉妒不已。现在，趁曼特尔抱病不起，他要下手了。

首先，欧文利用曼特尔的穷困与体弱，有系统地从档案中勾销他的贡献，重新命名曼特尔多年以前已经命名过的物种，把他发现这些物种的功劳占为己有。同时利用自己在皇家学会的影响，让曼特尔的大部分投稿被拒绝采用。

1852年11月10日，曼特尔再也无法忍受迫害与病痛的折磨，吞下了32倍于治疗用最高剂量的鸦片，于当天下午身亡。

第七乐章

最终归宿

根据曼特尔的遗愿，他剩下标本中的约25000件被卖给了伦敦自然史博物馆，而他那根在1841年因车祸而变形的脊椎被取出来送到亨特瑞安博物馆供研究，非常不幸的是，这又是一件极具讽刺意味的悲剧，该博物馆的馆长就是欧文。真不忍心去想象，这根可怜的脊椎天天被仇人欧文把玩的场景。

最后，我也来到布赖顿的曼特尔故居，如今，这里已经被改建为一个小小的博物馆，故居的门上，人们还怀着尊敬的心情写着："他在苏塞克斯发现了史前的禽龙"。

▶曼物尔故居

在这个小屋，我们可以看到曼特尔以前生活的点点滴滴，他在这里撰写了《刘易斯镇近郊地质概况》、《爬行时代》等7本著作，占其全部13本著作的一多半。这里也是他与4个孩子：玛丽亚、沃尔特、汉纳和雷金纳德一起度过快乐时光的所在。

▼伦敦自然史博物馆

▲今天的欧文的雕像从伦敦自然史博物馆大厅的楼梯上像主人般地俯视着下面，而达尔文和赫胥黎的雕像却不大显著地放在博物馆的咖啡店里，以严肃的目光凝视着喝茶、吃甜甜圈的人们

曼特尔故居虽然远远比不上很多恐龙博物馆，里面也没有许许多多化石，但我相信这个小屋子也能够让你感受到这位挚爱并穷尽一生精力与金钱的外科医生对恐龙的热爱之情，而诸多的不幸，也使曼特尔成为古生物学上一个著名的悲剧英雄。这也是我用如此大篇幅向你介绍这位医生的原因。

至于欧文，他后来也是受到了一定程度的惩戒，我们以后再慢慢说。不过，直到今天，欧文的雕像从伦敦自然史博物馆大厅的楼梯上像主人般地俯瞰着下面，而达尔文和赫胥黎的雕像却不大显著地放在博物馆的咖啡店里，以严肃的目光凝视着喝茶、吃甜甜圈的人们，曼特尔的雕像则出现在纪念品的专柜中极不显眼的一角。

最后的最后，曼特尔那变形的脊椎在亨特瑞安博物馆展出了将近一个世纪后，在第二次世界大战纳粹德国突袭伦敦的闪电战中，被一枚“突发善心”的炸弹击中，消失在尘埃之中。而卖剩的化石则传给了他的子女，其中绝大部分被沃尔特带到了新西兰，他于1840年移居至此。之后，沃尔特官运亨通，最后官至土著居民事务部部长。1865年，他把他父亲收藏品中的主要标本，包括他妈妈发现的那几颗著名的禽龙牙齿，捐赠给了新西兰博物馆。而这些引爆古生物学的牙齿，现在也不再对外展出了，它们安静地躺在标本盒中，向时间见证着这段不灭的传奇。

PART 7

骨头大战

骨头大战?

先停下你发散的思维，这断然不是你楼下的小黄和小花为了一块骨头而狗咬狗一嘴毛，这是古生物史上一次伟大的战役，一次空前绝后的战役，战役缔造了美国的恐龙文化，并随着美国的强盛而遍及四海。

第一乐章

美国首次发现恐龙

骨头大战？

先停下你发散的思维，这断然不是你楼下的小黄和小花为了一块骨头而狗咬狗一嘴毛，这是古生物史上一次伟大的战役，一次空前绝后的战役，战役缔造了美国的恐龙文化，并随着美国的强盛而遍及四海。

故事可以从19世纪末的1848年说起，这年的1月24日，一位名叫马歇尔的新泽西木匠，在为萨特先生打造一台锯木机时，于加利福尼亚的美利坚河附近发现了一个金块。一周后，圣弗朗西斯科的所有男人全部扔下手头的工作，抄起筛子和平底锅，发疯似地朝着锯木厂狂奔，驻扎下来淘金。

▲卓别林的《淘金记》，这部永垂不朽的喜剧描写了19世纪末淘金热

接着，潮水般的电报传遍了北美洲东岸、英国、土耳其，甚至中国，宣布黄金唾手可得的佳音。而卓别林那部《淘金记》，描写的就是这股疯狂的淘金热。

虽然黄金并没有那么多，但在另一方面，却促成了考察事业的发展，试想一下，那么多人拿着十字镐与铁锹，在土地上到处开花，要是不挖出点儿东西来，那才是奇怪的事情！

▲海登（1829~1887），美国地质调查所所长，提议建立全世界第一座国家公园——黄石国家公园

▲雷迪（1823~1891）的面部倒模。雷迪是美国动物学家，进修过医学，宾夕法尼大学解剖学教授，美国脊椎动物学和古生物学的先驱者，最早研究美国西部化石的学者

随后几年，美国地质与古生物界的垦荒者开始动作起来。其中，未来的地质调查所所长海登，在蒙大拿州朱迪斯河流域的西部荒原找到了一批恐龙化石，这是美国第一次发现化石。化石送到费城自然科学院，由院长雷迪亲自研究描述。雷迪发现这些化石并不属于当时已知的几个恐龙属，与英国的发现并不一致。他对此非常兴奋，很快对媒体宣称恐龙不仅仅生活在欧洲，美洲也曾经是它们的乐土。

不过，雷迪事后才发现，这些标本只不过是一个小小的前奏而已。

1858年，一支奔赴西部进行地质考察的考察队来到新泽西州的小城哈登菲尔德，当地老乡告诉考察队，不久前有位农民在翻挖矿坑时弄出了好些大骨头，不少居民都争相跑去寻宝，没有找到金子，但却为家里找到不少摆设。考察队里有位来自费城自然科学院的福克，他一贯以来都对化石抱有极大的兴趣，于是福克便雇佣了几个当地人再次前往矿坑发掘，并把化石运回了费城。

1858年底，雷迪开始仔细研究福克带回来的恐龙化石，这便是如今为人们所熟悉的鸭嘴龙。

▼鸭嘴龙的骨骼装架

第二乐章

柯普登场

▼沧龙

雷迪对鸭嘴龙的推测具有划时代的意义，他是最早提出恐龙能直立的科学家，这是难能可贵的。由于缺乏化石证据，当时几乎所有的平民百姓和科学家都相信恐龙就应该像蜥蜴一般慵懒地爬行，直立这种姿势应该只有高等的哺乳动物才能拥有。雷迪的推测冲破了自居维叶描述沧龙后近60年里人们对古爬行动物的看法，令人们耳目一新。

雷迪虽然提出鸭嘴龙像袋鼠一样直立，但毕竟是用哺乳动物来推测爬行动物的第一人，这个结论如此大胆，以至于雷迪自己都有点犹豫，他虽然是一个时代的开创者，但雷迪素来温和的性格也决定了他有优柔寡断的一面，他为自己推翻了居维叶、欧文这些学术泰斗的成果而感到忐忑不安，总担心是自己太鲁莽了。幸好，雷迪有一位以性格暴烈、为人激进而闻名的学生，他就是柯普，美国接下来很长一段时间的恐龙历史，其大半要靠他来承担。

▶鸭嘴龙

▲19世纪的费城自然科学院

后生可畏，柯普就是最生动的例子。柯普于1840年7月28日生于费城，其家庭信奉贵格会（基督教新教的一个派别），他从小就对自然史很感兴趣，6岁时便记录了自己对鱼龙化石的观点。在雷迪研究鸭嘴龙的那一年，柯普刚刚年满18岁，但在学术上已经初露锋芒。他向费城自然科学院投了一篇关于火蜥蜴与如何完善蝾螈分类的论文，这篇文章旁征博引、举例翔实而且颇有心得，很快引起了学术大腕儿们的关注，于是被吸收为史密森研究院大地懒社的会员，并在宾夕法尼亚大学听雷迪的比较解剖学课程。

3年后的1861年，柯普顺利当选为费城自然科学院院士，此间他已经写出了近30篇关于蛇、蜥蜴和两栖类分类的论文，数量之多、速度之快令那些老前辈们咂舌。

柯普之所以能取得如此多的成绩，很大程度上与他的性格有关：这位年轻人拥有炽焰一般的工作热情，他对学术研究的狂热已经达到废寝忘食的地步；更引人注目的是柯普那永不消逝的自信心，喜欢他的人说他魄力慑人，讨厌他的人则大肆批评他自命不凡，柯普虽然饱受指责，但他从来没做出过任何让步，他的岁月堪称战斗的一生，也许，科学史上的某些重大进步确实需要“偏执狂”才能完成，正如同布鲁诺与日心说、纳什与博弈论一样。

布鲁诺

文艺复兴时期意大利哲学家。1583年，布鲁诺到英国，批判经院哲学和神学，反对亚里士多德——托勒密的地心说，宣传哥白尼的日心说。1585年去德国，宣传进步的宇宙观，反对宗教哲学，进一步引起了罗马宗教裁判所的恐惧和仇恨。1592年，布鲁诺在威尼斯被捕入狱，在被囚禁的8年中，布鲁诺始终坚持自己的学说，最后被宗教裁判所判为“异端”而烧死在罗马鲜花广场。

▶意大利文艺复兴时期伟大的哲学家布鲁诺

第三乐章

柯普初会马什

就在柯普当选科学院院士的同年，南北战争硝烟四起，美国历史上唯一一场内战爆发了，实行奴隶制的 11 个南方州退出联邦，另立南方邦联，挑起争战，北方的林肯美国联邦为了统一而与南方对垒。

▶美国南北战争时期的林肯

而这对柯普来说，他只是感到热血沸腾，那永不消亡的热情一直要把他拉向战线，战争打响后不久，柯普摩拳擦掌要加入联邦军为国而战。这可吓坏了柯普的老父，他赶紧请托关系把儿子送到欧洲去求学。

柯普老大不愿意，但父命难违，他只好展开了 4 年的欧洲求学之旅。

这期间，柯普周游列国，到欧洲各个古老的博物馆里去考察展品，结识各位自然科学泰斗。

就在 1863 年，柯普拜访柏林大学，在这里见到了一位美国老乡——马什，马什这年已经 32 岁，比柯普大 9 岁，正在柏林大学读研究生，才刚发表了 1 篇论文；柯普虽年仅 23 岁，却已经是费城自然科学院的院士了。

◀美国西弗吉尼亚州的民众扮演着南北战争时期的联邦军，今日的游戏，却是昔日的坟墓（供图 West Virginia Division of Tourism）

▼皮博迪（1795~1869）（绘图/John E·Mayall）

面对这位有点老不成器的同乡，柯普只是客套了几句，并礼节上地邀请马什将来回美国后到访自己的工作室。

“憨憨”的马什自然感激万分……可柯普万万没有想到，就是这个在他眼里有点窝囊的家伙，日后与自己展开了长达20年的“骨头大战”。

与天资聪慧的柯普比起来，马什有点大器晚成的味道。他于1831年10月29日出生在一个农场主家庭里，小时候就很羞涩，学习成绩也不是很好。不过，马什是银行界大亨皮博迪的侄子，按理说腰缠万贯又颇具菩萨心肠的皮博迪是可以支援一下自己这位小亲戚的，但是他对马什那种“不求上进”的作风非常不满意，所以迟迟不肯为马什慷慨解囊。

马什直到21岁还打算在附近的工厂得到一个职位，但却意外得到一笔皮博迪给他母亲的资金，以此作为学费，马什得以进入麻省安多弗的菲利浦学院读预科课程。

菲利浦学院有着悠久的历史，它比美国只年轻2岁，创校于1778年，校友包括2位布什总统（当然，马什日后也成为这家学校的著名校友，他被称为该校的“父辈”和“舵手”）。

马什在学校里他发奋图强，努力学习并积极参加各种比赛，然后把积攒起来的成绩单和奖状寄给皮博迪，并写信告知自己经济上的窘况，恳请自己的富翁舅舅伸出“仁慈的援助之手”。

皮博迪终于被马什打动了，4年后，马什带着充足的学费进入了著名的耶鲁大学。

▶耶鲁大学

1860年他获准毕业，并于2年后获得了耶鲁大学谢菲尔德科学院的硕士学位。

第四乐章

各有斩获

南北战争期间，马什和柯普一样到了欧洲留学，在获取知识的同时，马什也利用皮博迪侄子的身份四处活动，终于在皮博迪最后一项重大捐赠的名单中列入了耶鲁大学。

▲1912 年，奥斯本绘制的糙牙龙复原图，他继承了师公雷迪的“袋鼠”复原

在 1865 年他回国前，不仅让皮博迪答应永远拨给他充足的学费、考察费，更出资 15 万美元为耶鲁大学盖一座自然史博物馆。

这一切都在马什的计划之中，大喜过望的耶鲁校董、校长感到无以为报，一方面把博物馆命名为皮博迪自然史博物馆，一方面盛情邀请马什留校，任博物馆馆长。

皮博迪赢得了不少掌声和颂词，马什却为自己搞到了实实在在的好处，他打通了校方的铁杆儿人脉、拥有了响亮的教授头衔、获得了滚滚而来的研究经费和宽敞气派的研究室。

▲史密森国立自然史博物馆外景

1866 年，马什被耶鲁大学聘任为北美的第一位古生物学教授，那年他 35 岁。

那么柯普呢？对于柯普来说，宁静的欧洲可能比战争还要折磨人，而且他念念不忘数年前他的老师雷迪找到的那种“袋鼠模样”的糙牙龙和鸭嘴龙，所以他非常渴望能早点回到美国去大干一场。

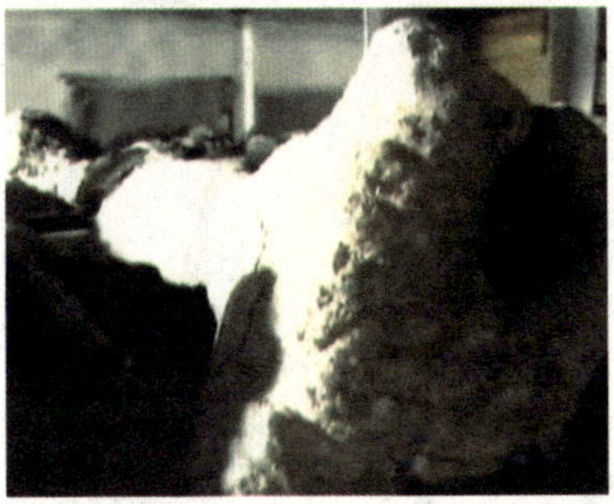

▲鸭嘴龙股骨

终于，到了1864年，柯普完成学业后得以回国，很快就被费城附近的哈弗福德学院聘为动物学教授，次年又被委任为史密森自然史博物馆的馆长。但以柯普的战斗热情，并不适合学院的工作。他便三天两头地往发现过鸭嘴龙的哈登菲尔德跑，1866年还在那里买了间房子。可以预料，他在学院的教学工作屡屡无法按时完成。院方对此非常不满意，柯普更是厌恶那种案牍劳形的职业。

1868年，他干脆就炒了学院鱿鱼，甚至连父亲给他的农场都变卖了，一门心思投入到哈登菲尔德的发掘工作中去。

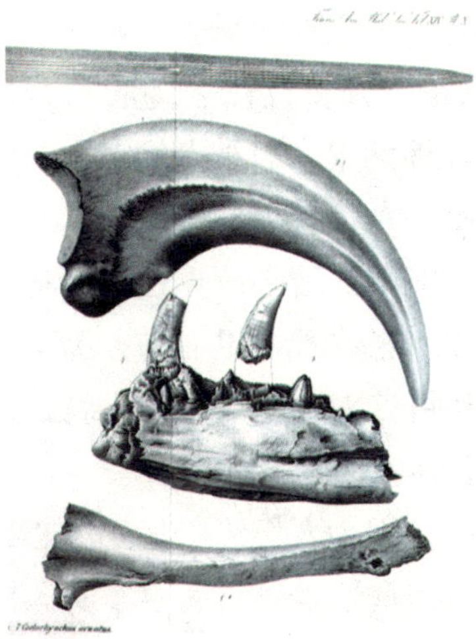

▲柯普发现的巨大脚爪，它们属于谁呢？对，它的主人就是——暴风龙！

天道酬勤！1866年夏，柯普在新泽西州的巴内斯波罗镇附近的一个矿坑发现了一块76厘米左右的鸭嘴龙股骨，这是他亲自发现的第一块化石。没过多久，在秋天到来之前，这里便发现了一具前所未见过的恐龙化石，化石包括颚骨碎片、肢骨、指骨和爪。其中令他狂喜不已的，是一只长达20厘米的巨爪，就如同鹰爪那样尖锐！

柯普当时写给他父亲的一封信中这样描述："……我发现的遗骸比我预想的要有意思得多。它们可能是属于巴克兰的巨齿龙类中一种全新类型的巨型肉食性恐龙，就是它们毁灭了雷迪的鸭嘴龙。它们是用爪捕食的，保存下来的有一只爪或爪关节，至少有20厘米长。爪子的形状介于鹰爪和狮爪之间……"

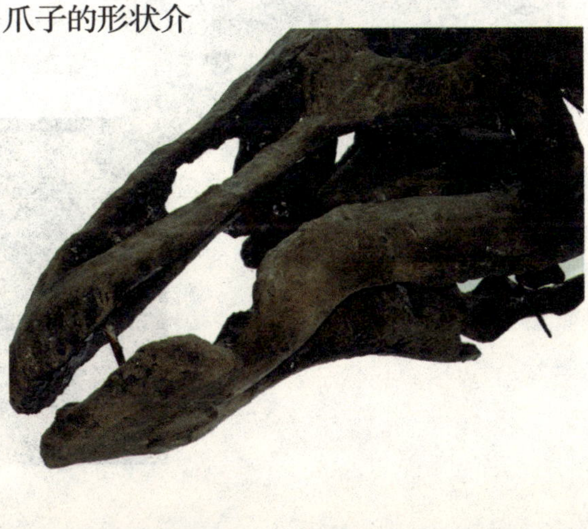

►鸭嘴龙类的牙床部骨骼化石

第五乐章

鹰爪暴风龙

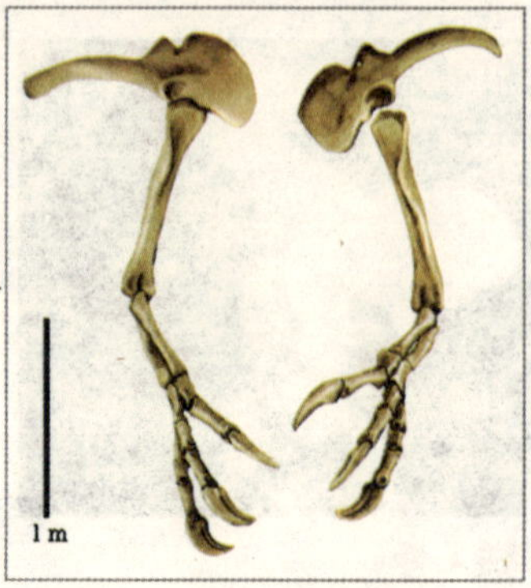

正如柯普所料，这件化石确实是一只兽脚类恐龙，也是世界上第二只肉食性恐龙，第一只是英国的巨齿龙，巨齿龙在我们以前的章节提到过。

8月，柯普在费城自然科学院展出了这具恐龙，并将其命名为鹰爪暴风龙，属名“暴风”来源于希腊语 Lailaps，这是古典神话里一只神犬的名字，传说这只神犬敏捷无比，据称能捉到世上所有的猎物，它曾有无数主人，其一是雅典皇埃瑞克修斯之女、克法洛斯之妻——普罗克里斯。后来，克法洛斯将此犬送到忒拜郊外，那里住着一只永不会被捉到狐狸，想看看结果如何，为了解决这似是而非的事情，宙斯将它们变成了石头，并将神犬升上天空，也就是现在的大犬座。柯普选用神犬为暴风龙命名，正是取其急速狂奔之意。

暴风龙的出土在古生物学界引起了不小的震动，因为人们终于找到了心目中的“英雄”——一种可以干掉鸭嘴龙、糙牙龙的肉食性恐龙，完善了美国白垩纪动物区系。

而且暴风龙为考证恐龙姿态提供了新的化石证据：暴风龙的前肢长 30 厘米，后肢股骨长 80 厘米，如果再考虑小腿的长度，暴风龙的前肢远远小于后肢，这毫无疑问地证明了早前雷迪对恐龙直立形态所做出的猜测。

▲古典神话里的神犬

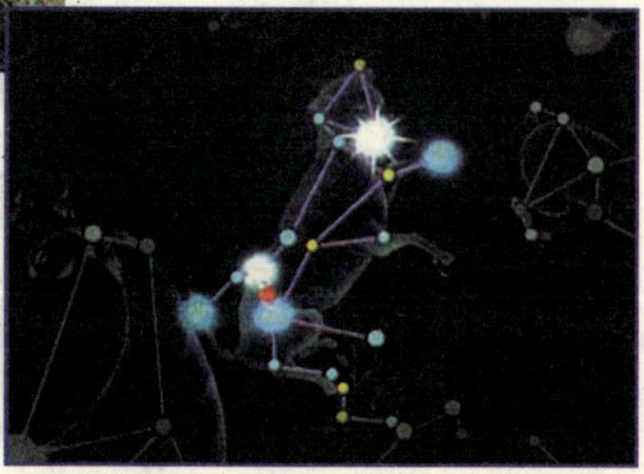

◀大犬座

▲恐龙中的很多品种都能以后肢行走

柯普从来就不会掩饰自己的万丈激情，他对暴风龙的描述几乎就是自己内心亢奋的写照，他想象在辽阔的白垩纪平原上，无数的鸭嘴龙正安详地享受阳光和嫩芽，突然一只暴风龙从阴暗的树荫下扑出来，于是一幅精彩的生死战拉开了序幕：鸭嘴龙和暴风龙都像袋鼠一样靠后腿用力跳跃追逐，这些巨兽每一次落地都发出震耳欲聋的巨响，尘土飞扬中暴风龙追上鸭嘴龙，它没有用前肢“抓”住猎物，而是用尾部支撑身体，说时迟那时快，奋尽全力踢出强健的后腿，用那枚恐怖的利爪把鸭嘴龙撕得皮开肉绽……好一副惊心动魄的画面啊！

3年后，柯普在一份综述中热情洋溢地描述到：“暴风龙的表现将使所有现代爬行动物相形见绌，我们不妨用对热血动物的认识来猜测一下这只怪兽：6米长的巨大身躯腾空而起，飞跃9米之遥向可怜的猎物袭来，锋利的爪子足以使对手伤筋断骨，再辅以天文数字的体重给对方狠狠一砸！”

遗憾的是，在暴风龙的描述上，柯普却疏忽了一个非常关键的要素，一个低级的错误，导致这只恐龙在不久后迷失了自己，也不再属于他。

▼格斗的暴风龙（1897年暴风龙生活场景复原图）

第六乐章

梁上君子

看到柯普的鹰爪暴风龙这样大出风头，皮博迪自然史博物馆的馆长马什大人可坐不住了，心里好生羡慕。

不过，当柯普为了研究新泽西州的化石而变卖自家农场，亲自到化石点日晒雨淋时，马什却购置了拥有18间房间的豪宅，尽享人间奢华。虽然马什也抛出不少正儿八经、条理清晰的学术论文，但现在已经被柯普比下去了。

◀老奸巨猾的马什

当然，要超越对手，必须先了解对手。马什想起柯普许久前的邀请，于是便于1868年春，借着会议的时间，来到新泽西州哈登菲尔德化石点考察。

眼见为实，马什立刻被这个巨大的化石点惊呆了，他放下学究的派头，这里跑跑，那里看看，不住赞叹这个聚宝盆的神奇和柯普的幸运。柯普还邀请马什一起挖掘了一段时间，两个人相处得很好。

▼矗立在哈登菲尔德小镇上的鸭嘴兽

但不久之后，柯普才慢慢觉察到，原本源源不断送到他办公桌上的化石居然日渐稀少，难道哈登菲尔德的资源已经枯竭？满腹狐疑的柯普来到化石点一番摸底才发现，原来狡猾的马什来参观后，暗地里与化石点的工人签下了待遇丰厚的秘密协议，以高出柯普近1倍的价格把出土的化石统统买去了！直率的柯普万万没想到原来马什是如此的奸猾卑鄙，不禁气得暴跳如雷。

▲游荡在水中的薄片龙

要知道，古生物学家一旦离开了化石就无从做起，现在马什居然做出了如此无耻的事情，在柯普看来，这个问题的严重性等同于入室盗窃。

从此，柯普便与马什结下梁子，这就是“骨头大战”的序曲。

此时，因暴风龙大出风头的柯普也好运不断，1868年他又描述命名了蛇颈龙类的薄片龙，但这个著名的物种却把柯普永远钉在了耻辱柱上。在这个故事的开始，请容许我先简单介绍一下蛇颈龙类动物，首先强调，它们铁定已全部灭绝，不要去幻想那人装出来尼斯湖水怪就是蛇颈龙。在分类上蛇颈龙类属于爬行纲的调孔亚纲，是一类适应于水中生活的类群，从晚三叠世开始出现，繁盛于侏罗世~白垩世，并于晚白垩世与恐龙一道灭绝。

▲蛇颈龙完整化石出土 牙齿比黄瓜还大

蛇颈龙类的外形有点类蛇和海龟的结合体：小头、长颈、圆桶躯干、短尾和鳍状四肢，这个类群也不乏庞然大物，不少种类身长11~15米，个别能达到18米。

▶柯普在当时的一本流行杂志上介绍了自己的发现：暴风龙骄傲地站在岩石上，看着水中的薄片龙，远处的鸭嘴龙在吃树叶，图中的薄片龙头尾颠倒了

第七乐章

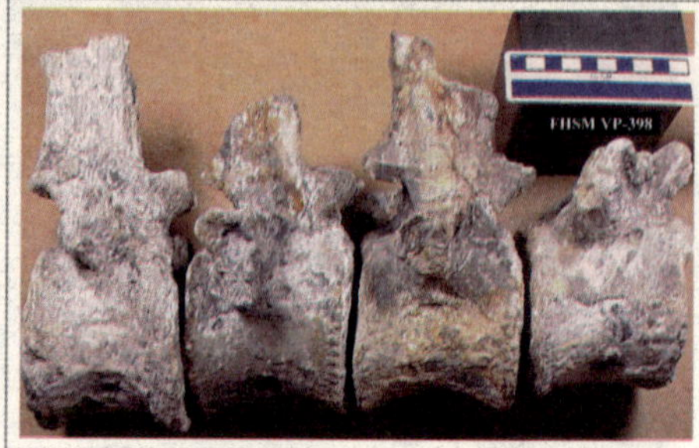

平尾薄片龙

也许我们永远也想象不到，1868年3月，当年仅28岁的柯普在打开由堪萨斯州西部荒野千里迢迢运来的板条箱时，他的脑海里闪过了什么样的念头。

当时，柯普正在费城自然科学院从事古爬行动物的研究，这一类动物通常都拥有短短的脖子和长长的尾巴，而这个在现在看来极为简单的构造却成为下文一切争端的导火索。

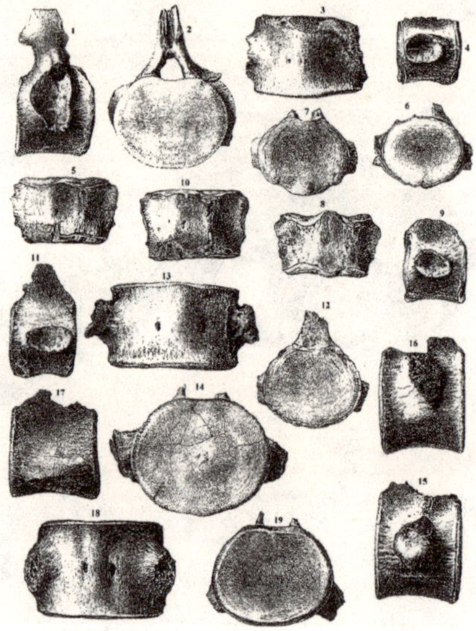

▲茨氏龙和迪斯科龙的原始论文插图

柯普也已经见识过蛇颈龙类的化石，而且不止一次。这其中包括他在欧洲求学时的所见，和费城自然科学院里至少一件的标本。

柯普的老师雷迪，当时也算是美国蛇颈龙类化石的专家，他已经研究并描述了茨氏龙和迪斯科龙两种蛇颈龙。但这件来自堪萨斯州的标本，不仅是堪萨斯州的第一件白垩纪脊椎动物化石，而且是当时北美发现的最大、最完整的蛇颈龙化石。因此，它对柯普来说意义非凡，是一条登天扬名的捷径。

▼堪萨斯州

▲薄片龙的头骨，它的眼睛集中在正前方，能看见立体图像

当柯普第一眼看到这堆蛇颈龙化石时，在把激情降到可控限度之后，这条巨兽必然会在他脑海里浮现出一个大概的轮廓。

传言，柯普当时就在勒孔特博士的铁路测量报告本，也就一个速记本上命名并描述了这批化石，文章其后发表在 1868 年 3 月的《费城自然科学院学报》上。文章中，柯普写道：这条龙的椎体上发育着奇特的板状横突，故命名为平尾薄片龙。

这确实是一种神奇的动物，薄片龙生活在晚白垩世，广泛分布在各个大陆，包括南极洲。它全长达 12 米，仅脖子就占到体长的一半，但它这条脖子却几乎是僵硬的，只能做小角度的弯曲，因此古生物学家分析它主要是把长长的脖子伸进鱼群里，而庞大的身体就留在远处，这样鱼群不会受到惊吓，它也就能趁机大开杀戒了。

薄片龙的眼睛结构还可以看到立体图象，这非常有利于捕食鱼类；同时它脖子可能也起到了转舵的作用。

从发现的胃石来看，薄片龙常去海床底部吞食小鹅卵石，这样不仅可以帮助胃部研磨食物，而且还增加了压舱物以便其游泳。

长脖子导致了薄片龙活动缓慢，难以逃避其他猛兽的突然袭击，这就是为什么很多薄片龙化石都是没有脑袋的，那是因为它们经常遭到沧龙的进攻，反应迟钝的它们常遭身首异处之灾。

薄片龙是我们最常见到的蛇颈龙形象，是蛇颈龙类发展到极致的产物，也是该种类的“末代皇帝”。

▲薄片龙的胃石

▲1991 年在皮埃尔页岩春雪伦段发现的薄片龙胃石

第八乐章

透纳大夫的发现

薄片龙背后有很多有趣的故事，一如其发现，二如其研究，三如其头尾冤案。

▲1867 年时的华莱士堡

先说其一，让我们回溯到 1867 年初。首次发现这种动物的透纳当时是一名派往堪萨斯州西部华莱士堡的外科医生。这可以引述出当时一段大背景，1867 年 6 月 1 日，美军军官卡斯特率领由辎重车和 350 名骑兵组成的一支军队离开海斯堡，辗转于烟山与普兰特河一带，搜寻、尾随夏延族以及他们的苏族盟军。沿普兰特河出发后，卡斯特带领着自己的骑兵中队朝西南进发，顺着共和国南岔路进入科罗拉多州，又转向西北，他们依旧在搜寻捉摸不定的印第安人。接着，他们向南迂回来到堪萨斯西部烟山一侧的华莱士堡。据他自己的记述，他发现该驻地正遭受着饥饿、霍乱、坏血病的袭击，而从堪萨斯城到丹佛城之间的供给线已被到处流窜的夏延人切断，透纳就是派出驰援美军的众多医护后勤人员之一。

▲卡斯特在美国是一著名人士，他骁勇善战，战功赫赫，最后在小巨角河之役中马革裹尸

华莱士堡的地理位置极为重要，它距离堪萨斯州与科罗拉多的州界以东约 40 千米处。

在军事战略上，它是堪萨斯城到丹佛城之间的军事前哨，也是巴特菲尔德陆地快递线这一驿路的重要据点之一。而且，华莱士堡也位于未来的联合太平洋铁路附近，这条通往堪萨斯州的铁路当时仍在勘测中。

▲华莱士堡的士兵与士官，左起第 2 位站立者为透纳

在整个印第安战争时期，华莱士堡的大兵们在为西部移民者、旅客和铁路工人提供保护，当然，他们也在为古生物学家，比如柯普和马什等人提供护卫。

为了排遣在华莱士堡服役的寂寞，透纳医生利用空闲时间在附近狩猎野牛和羚羊，并收集矿石标本。

1867 年春，他来到堡垒东北处大约 19 千米处——烟山河北支流流域勘探一处页岩露头，在这里他意外发现了一些“巨兽的骨头化石”。

当勒孔特的联合太平洋铁路勘测组于当年 6 月路过华莱士堡时，透纳医生送给他 3 块巨兽的脊椎骨。

1867 年 11 月，勒孔特回到费城，把这 3 块脊椎中的 2 块转送给了柯普。柯普仔细观察了标本，认为当地肯定有更多的骨头，有可能是新的物种，于是，他于 12 月中旬写信给透纳，让他保管好剩下的标本。

▼联合太平洋铁路科罗拉多州洛矶山脉段，19 世纪，美国基于军事与经济发展的需要，开始兴建联合太平洋铁路来连接已开发的美国中西部与当时还是荒野的大西部，这个庞大的工程给大西部的开发工程添了一大把劲，也给古生物界带来了很多意外的惊喜

第九乐章

奇怪的反龙

得到柯普的肯定与指示后，兴高采烈的透纳找了几个帮手，于同年12月回到北支流的化石点，开始了一次大型的挖掘行动。

从1867年冬至1868年，透纳等人在非常原始的条件下，用铲子和铁锹挖掘化石，并把挖掘出来的化石摆了一长溜，化石包括头骨、脊椎和其他骨头，他初步复原出这“已灭绝巨兽”的大概样貌，其中单脊椎串就约11米长。

时逢联合太平洋铁路公司刚刚修好，车辆紧张，直到3月上旬，化石标本才被送到柯普手中，开始了薄片龙二部曲——“研究”。

和往常一样，柯普安排技师日以继夜地修理化石。首先露出原形的是一长串相互关联的椎体，从10厘米到2.5厘米（相当于扫帚柄的直径），从大到小超过70枚。

古生物学家威尔斯后来对此描述道：“它的颈椎是如此的小，对于一头这么巨大的动物而言，这样的颈椎简直就是有违常理”。

其实不仅仅是前面的几枚尾椎，在这一长串椎体中，大部分尾椎、尾椎末端、甚至是背椎也是相当的小，以至于柯普最初甚至判断，尾巴会不会是这种动物的用来推进的主要工具？他甚至怀疑它是不是没有后肢？

当我们回头看看柯普在当年对这批化石的描述，会看到这样一句话：“在颈椎上发现了类似脉弧的骨骼构造”，而我们知道，脉弧一般都是位于尾椎腹侧的特有构造。为什么柯普会认为是颈椎呢？这很可能是因为其尺寸的缘故，因为这种动物的颈椎实在太长太细，看上去还有点类似于蜥脚类的尾巴，以至于柯普马失前蹄，将其误认为尾椎。

▼最初发现的薄片龙颈椎化石

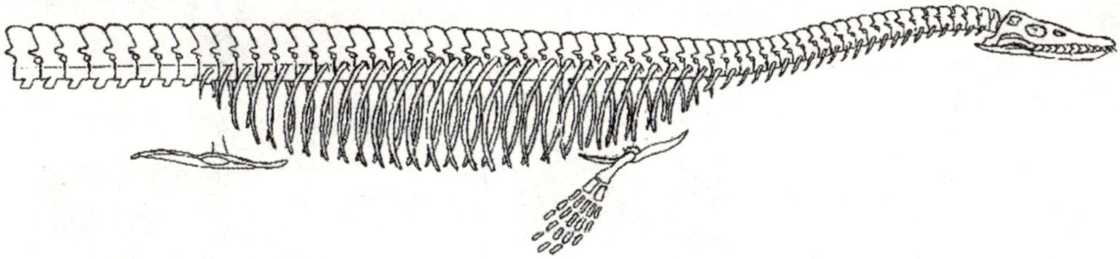

▲1869 年 8 月，柯普发表的《北美已灭绝的无尾类与爬行类概要 I》中薄片龙的轮廓图

此外，透纳也有一定责任，是他告诉柯普，在这段椎骨（纠正过来的尾椎）附近发现了头骨前端的口鼻部，这更使柯普坚信这段椎骨就是颈椎。

3 月，也就是离柯普初次看到标本才不到 10 多天的时间，柯普便发表了正式的描述报告，命名了薄片龙。

1869 年 7 月，发现薄片龙的透纳医生因急性胃炎死亡，年仅 28 岁，在华莱士堡马革裹尸。透纳曾在 1868 年 3 月访问了费城自然科学院，但他并没有机会见到柯普本人，也不知道柯普最后将他的薄片龙复原成了什么样子。

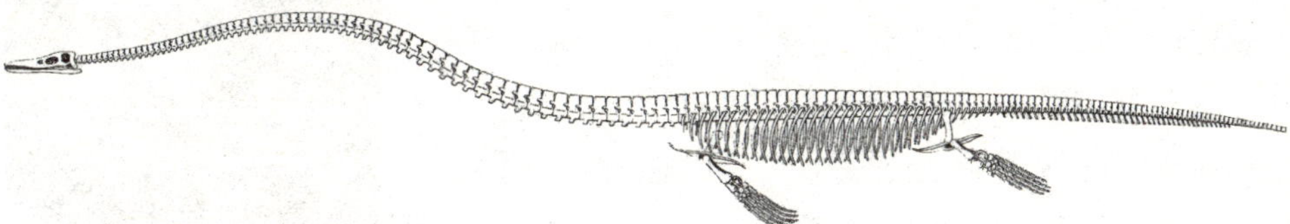

▲1869 年，柯普修正后的薄片龙轮廓图

透纳过世后的一个月后，柯普已经完成著名的《北美已灭绝的无尾类与爬行类概要 I》，其中包括了薄片龙的复原图。

在正式出版之前，他把一批预印本（指科学家的研究成果在正式刊物发表前，出于和同行交流的目的，自愿通过邮寄等方式传播的论文或专著）寄给了他在世界各地的同行们。

在书中，柯普创造出了一个名为“反龙类”的新类群，意为相反的蜥蜴，这个相反就是指上文说过的脊椎。

▼1970 年薄片龙的复原图，被称为“大洋中最长的脖子”

第十乐章

滑稽龙

此时的柯普已经铸成大错，他忽视了一个极为重要的细节。在长长一列脊椎的末端，也就是他将其作为薄片龙的尾部末端，有一块小小的，却很不寻常的，像肿块一样的小骨头。自从柯普相信这是这种新形态动物的尾部后，就完全忽视了它，或者准备将它留到以后的详细描叙计划中。

其实，只要柯普仔细看看这块骨头，这类新形态动物可能就完全不存在了。

是福不是祸，是祸躲不过，该发生的事情总要发生，这是逃避不了的。

1870年3月，费城自然科学院召开例会，会上，雷迪突然发难：通过对比莰氏龙、迪斯科龙和薄片龙的脊椎化石，他发现这几条动物的脊椎可能被颠倒了位置。

其主要证据来自薄片龙尾部末端，那里保存了一个第一颈椎和第二颈椎。很明显，这头薄片龙脑袋掉了出来，并移动到尾巴那边，这其实是很常见的埋藏现象。

▲首先向柯普发难的雷迪

然后，雷迪公开地指出了柯普这一头尾倒置的失误。但出于某些现在无法得知的原因，雷迪在发表这些言论前并没有知会柯普，而是有点自作主张地抛出这颗伤人伤己的重磅炸弹。可以想象，这件事情肯定让脾气火爆的柯普大为光火，此事让这两位著名古生物学家之间从此结下了梁子。

▲薄片龙的的头颈部化石

和发表论文的速度一样，柯普火速“召回”甚至买回那些描述薄片龙的文章和专著预印本，并基本重写了其中薄片龙的部分，反龙类这个新类群自然也就不复存在了。

不幸的是，柯普没能全部找回1869年8月出版的第一版与预印本，这将成为他的敌人日后嘲笑他的最好证据。至今，我们仍然可以在那期学报和当时一些杂志上看见一头脑袋长到尾巴上的薄片龙。

◀一张早期的蛇颈龙生活场景复原图，其背景就是柯普的『错头』薄片龙

可能也是碍于情面，雷迪和柯普并没有为此事相互指责很久，随着1870年的结束，这件事就不了了之了。

但这时候却半路杀出了一位马什，马什自然不会放过这个机会来攻击他的宿敌，马什几乎让全世界都知道了他这个老友的错误。他还写信讥讽柯普说到：“你本应该把薄片龙命名为‘滑稽龙’”，可以想象，这件事情让自尊心极强的柯普对马什恨之入骨。

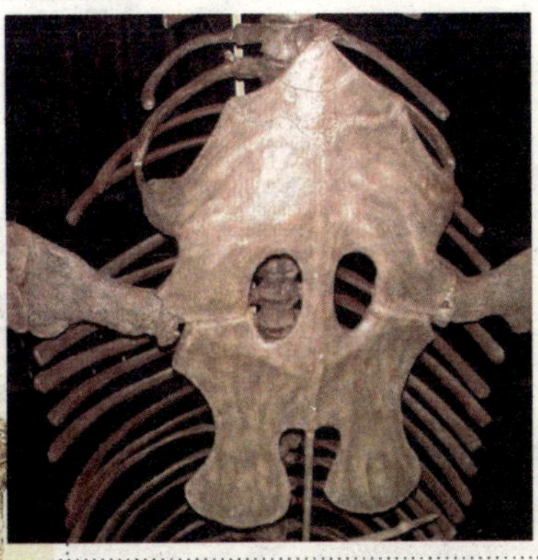

▶柯普获得的部分薄片龙骨骼化石

第十一乐章

马什·野牛比尔·勇士红云

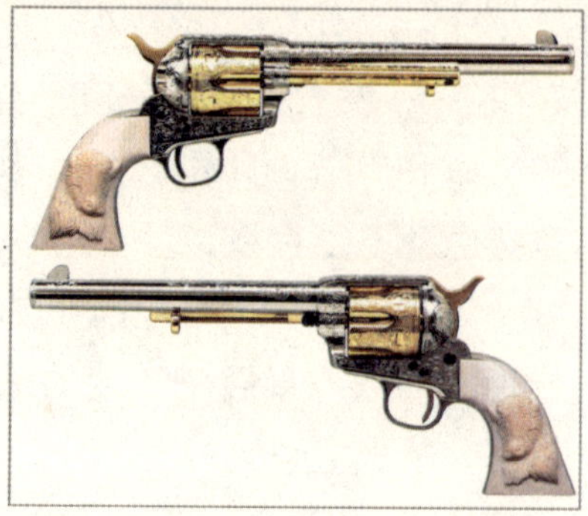

现在，柯普与马什的“骨头大战”终于加热升温，这第二仗在怀俄明州展开。

怀俄明州的州名源自印第安语，意为“大草原之地”或“高山与深谷相间之地”，1834年开始遭受殖民统治。

在我们那群古生物学家来到之时，这里有什么？这里有用来砍伐无边无际的雪松林的大铁斧，有成千数万头表情冷漠的美洲野牛，有阔边草帽和摩门教主杨的三妻四妾，有印第安人神秘的宗教仪式和他们对白人的愤怒……

1870年8月，马什组织他的学生军对怀俄明州进行了第一次考察。考察的向导竟然是大名鼎鼎的野牛比尔，此人本名科迪，“野牛”是他练习枪法的用具，所以称“野牛比尔”。

▲野牛比尔（1846~1917）是美国西部最杰出的神枪手、拓荒者、童子军，当年风头甚健，极富冒险精神，是每个小孩子最钦羡的人物

▼马什学生军1870年的考察队伍

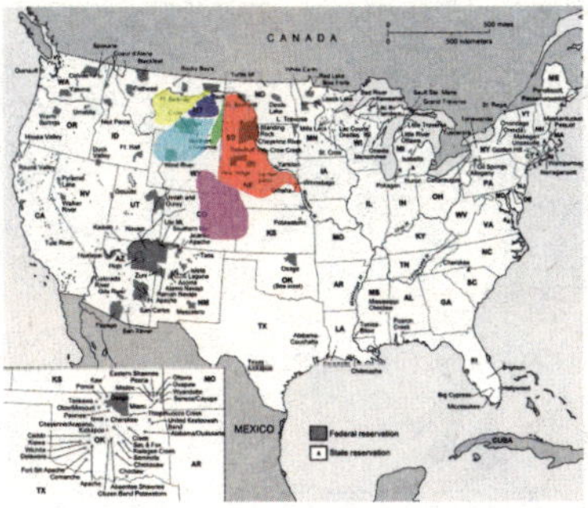

▲拉勒米堡条约中各印第安部落各自的领土地域范围（只标示大族群）
黑色区域：现在的印第安人保留地；
红色区域：苏族（达科他族）；
绿色区域：格劳斯-文彻族、曼丹族、阿里卡拉族；
紫色区域：阿西尼博因族；
黄色区域：黑脚族；
蓝色：克劳族；
粉色：夏延族、阿拉帕霍族

野牛比尔是伴随马什一生的至交好友，马什也很喜欢这位老兄，还专门去纽黑文看了“野牛比尔的西大荒及世界级驯马师大会”，内容包括了印第安大战歌舞表演和驿马车攻击。他是如此的成功，甚至受邀至英国及欧洲巡回演出，连维多利亚女皇都看了3次。

在这次考察中，马什没有得到印第安部落的允许就穿越了拉科塔平原，违背了1868年生效的拉勒米堡条约。

不过，马什似乎并不担心印第安人，他穿越了一个印第安葬礼台，这个台子上安放了许多男人和女人的尸体，下方则躺着一副小马的骷髅架子。这是一些美国印第安部落的习俗，把死尸放在台子上，并且放一些表示尊敬的标记，比如食物。马则是标记牺牲的人之荣耀。一段时间之后，部落会再回来拾掇拾掇这些遗骸。

但马什显然毫不尊重这些传统，他对学生们说：“好了，小伙子们，也许他们死于水痘；但除非我们能得到这些颅骨，否则我们无法研究这个印第安种族的起源!”，于是他带走了这些骨头。

后来，局势更加复杂，马什在后来的考察中不得不借助军队来保护自己不受印第安人的攻击，另一方面也很识时务的与印第安人修好。

有一次，马什碰巧遇到并亲自帮助了拉科塔族中传奇般的勇士红云，马什承诺会代红云作为印第安人的代表向上帝求情。1883年，红云来到了耶鲁大学回访马什。

▶拉科塔族的勇士红云（1822~1909），他的肖像后来被印上了邮票

红云后来回忆道：“我记得这位睿智的领袖，他到我这来，我请他帮我告诉上帝一些事情，他答应了，我以为他会像所有白人一样，当他离去后就忘记了我。但他没有，他告诉了上帝所有的事情，就像他承诺的那样，我认为他是我见过的最好的白人。”

第十二乐章

铁道工的厚礼

1872 年，柯普也来到怀俄明州，并对这片土地进行了多次考察。马什又开始利用他的影响力来妨碍柯普，比如不让他在布里杰堡找到住处和雇工，最后柯普不得不睡在布里杰堡的一个院子的干草里。

▲科摩崖化石场

而对于印第安人，柯普则采用了完全不同的另一种方式。当路过印第安营地时，他会把他的假牙拿出来逗乐印第安人。印第安人看到一个人居然可以随便拿出自己的牙齿然后放回原处，于是很快被迷住。

从这点看，柯普比马什显得更亲切和蔼些。面对打压，柯普自然不甘示弱，他也想尽办法与马什对抗。

到了 1873 年，两人开始频繁互通信件，当柯普用某种不为人所知的方法“拐走”了马什麾下一位名为史密斯的工人，并占有了他带来的化石时，马什表现得尤为愤怒。在给柯普的信中他写道:“听到这个消息时我很生气，知道你弄走了史密斯时我非常愤怒、恨不得杀了你，不是用枪或拳头，而是要把你粉身碎骨……我从未如此的生气!”

▼1870 年,马什的远征探险队在怀俄明州获得的龟化石

到了 1877 年春天，骨头大战怀俄明之役进入白热化。

▲梅得森堡

联合太平洋铁路公司的员工，工头里德和职员卡林在怀俄明州石河以西，梅得森堡以东的科摩绝壁，这一片广袤的土地上发现了侏罗纪古生物坟场，发现的化石大部分都是蜥脚类的骨骼。这两位老兄知道此处的化石发现肯定可以给自己带来一笔不菲的收入，说不定自己下半辈子的生计就解决了。于是他们以自己的自取名“哈洛和爱德华”发了一封信给马什，信中说：“正直、热情、慷慨且富有真知灼见的马什先生，我们在怀俄明州的科摩地区某处找到了一大片巨大的化石点，看上去像无数大地懒趴在那里，化石是如此的巨大，我们无法提供太多样品，我们用货船托运了两箱样品，希望您能看看。这个发现已经被不少当地人得知，不断有人来打探消息，只是我们一直都对具体发现地三箴其口，因为我们希望是马什先生来出面保护与研究这批化石……”

马什对这个来路不明的消息非常重视，也知道密信的弦外之音是要钱，这不成问题，此刻他也非常需要一个大型的化石产地来帮助自己与柯普的竞争。数日后，马什收到两箱科摩的样品，里面全是恐龙化石！他立马派遣自己最得力的助手威利斯顿赶赴当地，为了防止柯普得到风声，威利斯顿出发前还四处放话说自己此行是要去俄勒冈州，这招果然厉害，在柯普察觉之前，威利斯顿偷偷找到了里德与卡林，并拿出一张极具诱惑力的大额支票，两人将威利斯顿带到科摩绝壁的化石点，威利斯顿完全不敢相信自己的眼睛，更按捺不住心中的狂喜！此处方圆几千米内全是化石，柯普的莫里森城化石点与之相比，简直不值一提！

▼1898年科摩绝壁的挖掘现场

第十三乐章

柯普的猎头行动

俗话说的好，欲要人不知，除非己莫为。没过多久，里德就发现有个鬼鬼祟祟的家伙频频在化石点出没，他借着工人歇息的时候想尽办法套近乎，对所有骨骼的出土位置表现出浓厚的兴趣。

里德叫人扣住这个可疑人物盘查，他支支吾吾一会儿说自己是路过的，一会儿又说自己在附近小镇开了个日杂店，很明显，柯普已经得到了科摩绝壁的信息，他的队伍很快就会出现了。

不久后，柯普挖走了卡林，让他为自己效力。昔日知根知底的兄弟，今日却站在两大势力对抗的风口浪尖处，两队人马间的竞争极为惨烈，彼此间的仇恨也不断升级。如果里德一时运不走那么多化石，他通常就会毫不留情地把化石砸碎，为的是让卡林也别想得到。威利斯顿也因为柯普"无时无刻"的存在而差点得了妄想症。

1878年的一天，他的营地里来了一个陌生人，威利斯顿想方设法弄到那家伙的笔迹，后来据此一口咬定那人就是柯普本人乔装打扮而来。

而后的一天，柯普来到马什的挖掘现场，展开宣传攻势，逐一谈心，试图拉拢众人为他服务。莱克斯在他的日记中这样描述道："……为了娱乐众人，柯普用半生不熟的和音演唱了一些喜剧歌曲，他扯起嗓子就如同狼嚎一样……得承认，当我见到他时，我很欣赏他为人处事的风格，是如此的平易近人，完全不像马什口中的'畸形儿'、'恐怖人'……"除了应付科普，还要面对残酷的大自然。里德队伍在科摩的挖掘工作极其艰辛，他们不分冬夏，无论气候条件多么恶劣，都要用简陋的工具挖掘着含有化石的岩层。

莱克斯后来回忆描述道："风雪交加的天气里，我们在9米深的狭窄洞底，手指在零下2~30摄氏度的严寒中冻僵了。大雪纷飞，模糊了视线，骸骨一挖出来就被雪片覆盖住。"他又在1879年8月9日的日记中写道："狂风暴雨，冰雹像鸡蛋一样大。"挖出来的化石，则用篷车运到最近的河边或铁路沿线上，再转运往东部。整个过程必须小心装卸，而且运送的船只也必须经过特别设计，以能够负载岩石的重量。不过翻船事件还是无法完全避免。

第十四乐章

全武行

1879 年 7 月，助手从怀俄明化石点给马什运回了 2 副不太完整的巨型恐龙化石。马什一如既往在匆匆看过化石后便发表了研究报告，他为这种巨兽取名雷龙，不管是他自己被庞大的骨骼给“震”住了，还是他想用雷龙来震慑一下柯普，反正这种拥有响当当名字的动物很快就震撼了普通大众，使它成为最著名的恐龙之一。

▲1879 年马什在化石场发掘雷龙化石，由亚瑟·莱克斯（Arthur Lakes）绘制

但事后马什才发现自己闹了个大笑话，原来雷龙和之前他命名的迷惑龙其实是同一种生物。

早在 1877 年，马什就根据莫里森城附近一堆关联度很差的骨骼定名为迷惑龙，这只不过是他不少“随心所欲”的作品之一。

▲雷龙形态复原图，标示骨骼部分为已发现有化石的骨骼

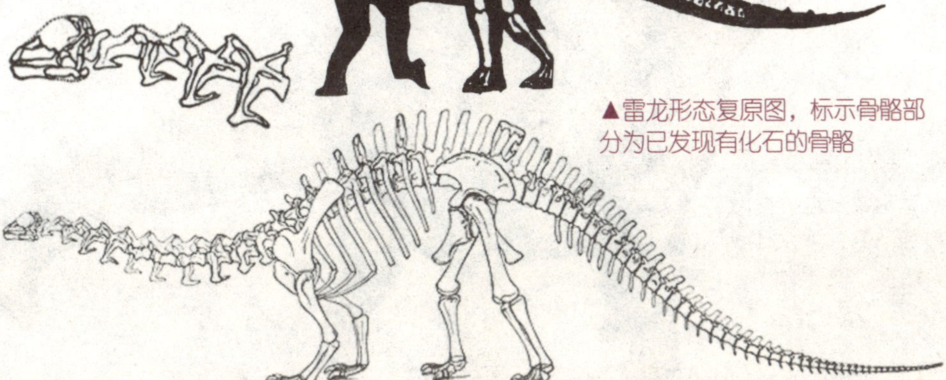

▲马什给迷惑龙画的轮廓图。为让头部更清楚，我加入了一个特写

但不幸的是，迷惑龙就是雷龙，根据动物学命名法规，雷龙应是无效名，但由于马什对这个名字的大肆吹捧，导致雷龙比迷惑龙还要著名，这就造成了时至今日这两个名字仍在许多书籍里可以看见，我们按照学术观点，还是应该用迷惑龙这个称呼，雷龙尽管著名，但终究会慢慢弃用。

在马什命名雷龙的那几年里，双方队伍铆足了劲儿比赛采集化石，源源不断的骨头从一个个化石坑里被送到马什和柯普的办公桌上

1879年，柯普状告马什“非法侵入”他在科摩绝壁的化石点，并偷窃他的化石。马什在事情败露后，不愿化石落入柯普之手，竟然命令手下炸毁了化石点。

而另一次，柯普把一列装有马什的化石的火车转去了费城。接下来，马什为了减慢柯普的工作，甚至把一些不同地层的化石碎片撒在柯普的挖掘地点。当某个采集点被对方发现后，队员甚至不惜打碎来不及取走的骨骼也不让其落入对手手中！

发展到最后，两队人马干脆冲进对方化石坑，拳打脚踢把化石夺走了事，科摩绝壁的发掘成了全武行，工人们除了挖化石，还要时刻准备与来犯之敌决以死斗。

作为东家的马什和柯普也没闲着，为了比对手抢先一步，他们对到手化石的分析越来越草率，迫不及待地抛出一篇篇研究报告，那几年是美国古生物学界最眼花缭乱的日子，两人经常为同一种恐龙分别命名，又把一个完整的动物群割裂成了不同的动物群加以描述。

在科摩绝壁的化石于1889年终于被基本挖光之前，这两人发表了很多论文，后期不少文章满纸都是对敌手的谩骂和诅咒，早已经脱离了“学术争鸣”的范畴。

▶迷惑龙可能是所有恐龙中最受宠的一群，其最广为人知的名字是雷龙

第十五乐章

莱克斯的“巨蜥”

连场恶斗还没让学术界明白是怎么一回事时，互有胜负的马什和柯普又把硝烟烧到了科罗拉多州。

科罗拉多州的州名源自西班牙语，意为“红色”，1858 年开始被殖民统治。其第一堆恐龙骨在 1869 年或 1870 年初发现于峡谷市附近。根据当年一张标题已经无法得知的报纸记载：峡谷市的一个古董店里有一些巨大的骨头。

1877 年 3 月，科罗拉多州一位叫莱克斯的小学教师在徒步旅行至莫里森城附近时，发现了一块巨大的脊椎骨化石，莱克斯认为那些骨头属于一条“巨蜥”，兴奋不已的莱克斯赶紧写了一封信并附上化石的草图给马什，希望他能关注一下自己的大发现。

这个被偶然发现的莫里森化石点，时下已是一个极为著名的古生物圣地，整个莫里森岩层面积约 150 万平方千米，属于晚侏罗世地层。它北起加拿大，南到新墨西哥州，西起爱达荷州，东到内布拉斯加州——总面积约相当于西班牙的 3 倍！

在等待回信的日子里，莱克斯又找到了一截巨大的大腿骨，欣喜若狂的莱克斯又写了一封信给马什，在信中他肯定这是一只身长 20 米以上的庞然大物，如果推测正确，那么这将是美洲第一次出土如此巨大的动物！

▲峡谷市地貌

▲峡谷市游客服务署门前的剑龙模型

▲剑龙化石

接下来，他一边写信给马什，一边挖掘化石，到了 5 月，莱克斯已经自费挖出了近 1 吨重的化石，装满 10 个大箱子。但此时马什依然杳无音信，失望的莱克斯写信给柯普，介绍了自己的大发现。

果然，柯普立刻热情洋溢地给他回了信，盛赞他的发现如何如何有意义，还给莱克斯寄了 100 美元作为报酬，吩咐他不要把他的发现告诉任何人，尤其不要告诉马什。

有点困惑，或者说单纯的莱克斯答应了柯普要求，马上写信给马什，请他把骨头样本转交给柯普。得到这个消失的马什悔不当初，此前他一直忙于蛇颈龙化石的挖掘而没来得及回信，现在又被柯普占了先。

但马什有的是钱，他了解莱克斯的所需，于是派自己的得力助手，考察队队长穆奇赶赴莫里森城，给莱克斯提供了充足的挖掘经费，并签订了一份独享莫里森城化石点两个月的合同。

大功告成后，穆奇拍了一封电报给马什：“已妥善安排好两个月，琼斯没辙。”这个就是他们称呼柯普的代号。数周之内，这重达 1 吨化石就被运回耶鲁，其中包括剑龙的部分骨骼。

▼剑龙模型，
这是一个很罕见的角度

第十六乐章

有效名 无效名

柯普对此当然感到很恼火，但没办法，自己的财力毕竟有限。6月20日，马什发表了莫里森城化石点的研究报告，最初，他以为新物种与鸭嘴龙有点类似，长15~18米，它直立起来约9米，但后来才发现不止这么大。

▲希腊神话中的泰坦巨人

兴奋不已的马什给新恐龙取名巨龙，属名取自希腊神话中的泰坦巨人。他在论文上兴奋地写道："这是一只巨大的恐龙，它超过了迄今陆地上的任何动物！"

在展示自己非凡成果的同时，马什也没有忘记老对手。他要对暴风龙下手了，马什指出柯普早年命名暴风龙不符合系统命名法，暴风龙的学名早在1839年就被寇克命名给了一种名为"厉螨"的螨虫，所以暴风龙这个名字必须要更改。于是，马什自作主张的把暴风龙更名为撕龙，属名源于希腊语"撕裂"。

柯普对此大发雷霆，怒火万丈，他坚决拒绝承认马什的命名，他生前也确实没有使用过撕龙这个名称。但这一次马什再次占据了理论优势，柯普最后也无可奈何。

▼撕龙的骨骼轮廓图

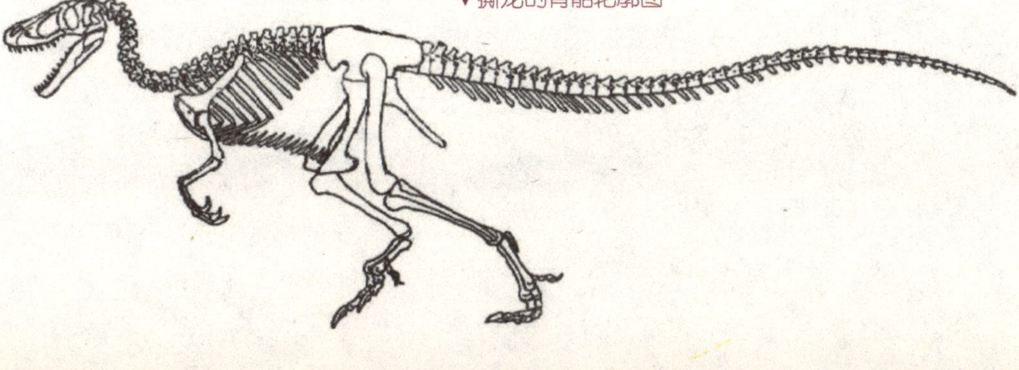

▲原地埋藏的，非常完整的圆顶龙化石

但马什高兴的太早了，就在莱克斯发现化石的同一个月，莫里森城以南 160 千米处的峡谷市也发现了化石。发现者是佛利蒙县公立学院一位名叫卢卡斯的植物学家，他在打猎时意外发现了化石。不久后，卢卡斯给柯普和马什都写了信，称在峡谷市发现了巨大的蜥蜴类化石。马什没有很快回复，柯普则吸取教训，马上回信并雇用卢卡斯进行发掘。

▲圆顶龙骨骼装架

这一次，柯普还是显得很急躁。第一批抵达的化石被他鉴定为暴风龙的颌骨，第二批抵达的则是一些蜥脚类的脊椎骨。他在化石还没有完全研究完成时，便宣称："这些脊椎骨明显地代表着比第一批还要大得多的巨型动物，我相信这个最大的动物能在陆地上生活，而我们对此知之甚少。"柯普一开始就把牛皮吹得很大，但这次他真是交了好运，接下来的日子，出土的化石果然越来越大，大到连他自己都觉得有点匪夷所思。

8 月，柯普抛出了自己的论文——圆顶龙，他称其为"最大、最粗壮的动物"。柯普还不失时机地抨击了一下马什的巨龙根本不符合系统命名法，是个无效名，因为同在 1877 年的早些时候，印度古生物学家里德克已经根据一些股骨残片和 2 块不完整尾椎命名了巨龙。显然马什并不知道这件事情，而重复命名了。所以，柯普认为他自己才是第一位给美国巨型食草恐龙命名的人！

▲圆顶龙的骨骼轮廓图

第十七乐章

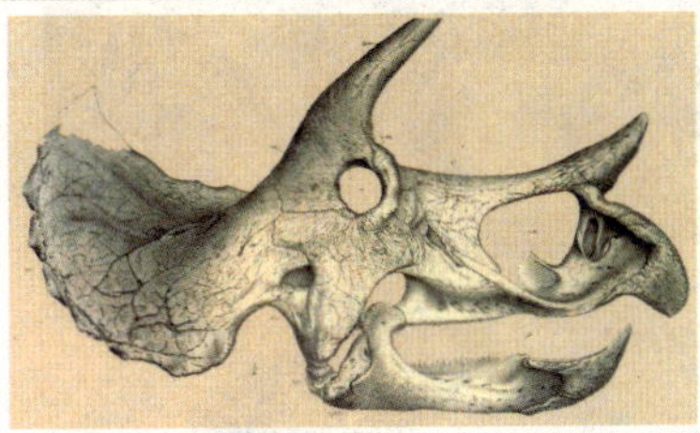

马什的明星恐龙家族

明里斗嘴，暗里斗钱，马什故伎重施，于1877年8月派穆奇前往峡谷市，找到了卢卡斯，提出重金“转会”的许诺，没想到这一次不灵了，卢卡斯是个有原则的人，他很珍惜柯普对自己的器重，对马什的金钱诱惑断然拒绝。柯普也反过来“策反”穆奇，同样落空。

穆奇的回信让马什看到了一丝悲凉：“说服工作彻底失败……他们发掘出来的骨骼保存非常完好，而且每一部分都比我们在莫里森城找到的大30%……”。

▲异特龙攻击弯龙的场景装架

当然，马什并不甘心，他命令穆奇留在那里直到为他找到一个新的化石点为止。后来，穆奇找到了弗勒斯，此人不负所望，很快找到了含有化石点的地域，并开始挖掘。

很快，穆奇意识到他们需要更多的帮手，威利斯顿在9月份赶来入伙。但眼前的景象，让威利斯顿大为震惊：七零八落的化石暴露在外，没有打上石膏包，甚至没有用东西盖住。作为补救，威利斯顿及时保护了化石，并绘制了埋藏图，才避免了马什制造出更多迄今都无法识别的物种。但此前仍有35箱的化石被送到马什的办公桌上，异特龙和梁龙就是这样来的。

▲梁龙的骨骼装架

异特龙早已名声在外，它以其矫健与有力的前肢甚至让暴龙自惭形秽。梁龙更是路人皆知的物种，很可能是地球上曾经出现过的最长的动物。

▼三角龙头上的角

后来直到1888年，在丹佛附近的一个化石点，马什麾下的哈特奇在牛仔手里看到一些他们敲下来的角化石，经打听，牛仔说角是从一具巨大的颅骨上敲下来的，骨头就藏在峡谷那边。他们原来也想把整块头骨挖出来，牛仔说："那个动物的角就像锄头柄一样长，眼洞像帽子一样大!"但化石从岩层中脱落，滚到了峡谷底。哈特奇二话没说，就去把这个头骨拾到手，并拼接起来送到耶鲁。

最初，马什以为这是一种已经灭绝的大野牛，但当他仔细研究的时候才发现这是一种全新种类的恐龙，于是他在次年将其命名为三角龙，意为"有角的脸"。

三角龙是晚白垩世数量众多且十分著名的恐龙，它自豪地拥有3个角，颅后部还延长成为巨大的颈盾，充当一面护体盾牌。矛与盾的结合使三角龙拥有了完善的攻防机器，当三角龙受到攻击后，它会被迫还击——低头显露长矛般的角，以6~12吨的体重、时速35千米的高速突击，绝对是任何敌手都难以承受的。

▼生活于晚白垩世的三角龙（图片选自航空工业出版社：《恐龙真相》）

第十八乐章

鲍威尔和马什之流

骨头大战就这样不断持续！在各个化石点，柯普和马什都想抢先到达现场，以获得重大的发现；他们争相诱使工人签下合约，以保证自己有独占化石的权利——这方面马什占优势，因为他比柯普有钱。他们有时候甚至采取暴力的手段，以阻止对方的人马进入自己的地盘。

两人的竞争愈演愈烈，甚至互相指责，说对方偷窃化石、将发现化石的日期往前虚报，等等。最后升级到两人互相谩骂。

▲为了利益之争，选择了不择手段的马什

为了抢占先机，柯普不惜血本夺得了《美国博物学家》杂志的控制权，这样他便可以利用特权使自己的文章在第一时间得以发表；而马什也不是“吃素”的主儿，他此刻已经是美国国家科学院的院长，手下同样掌控着一批包括《美国国家科学院院刊》在内的颇有分量的学术期刊。

在费城一次会议上，柯普声称自己第一个发现了西部二叠纪的爬行动物化石。而根据传闻，马什那天很早就离开了会议厅，回到他的办公室，在“仔细”观察了某些样品之后，草草刊发了一篇文章，声称自己是美国第一个报道二叠纪脊椎动物的人。

▼马什的收藏——异特龙化石

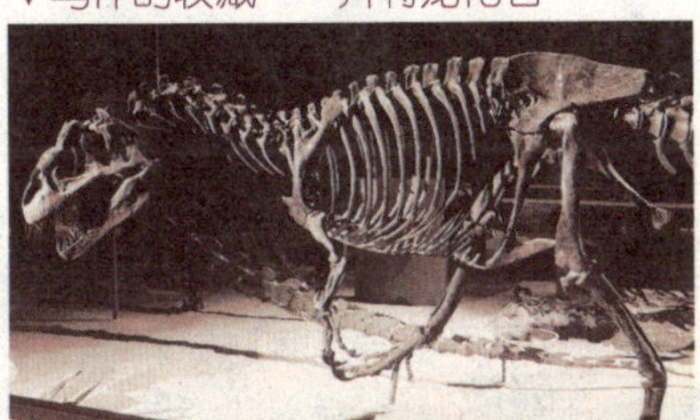

当然，这就完全忽视了柯普在会议上的声明。气极败坏的柯普马上发表了自己的论文，并强调早在3周前，他就已经发表了这个声明。

而自从鲍威尔在1882年被任命为美国地质调查局的新头目之后，这位马什的老友，马上就任命马什为本学会的古脊椎动物学家。此后不久，柯普一笔由美国地质调查局的基金提供的出版资金就被“莫须有”的罪名切断了，柯普怀疑是鲍威尔和马什在背后做了手脚，使得他不得不在政界尽力游说，力图促使国会把钱还给他。

柯普在给妻子的信中痛苦地写道：“联邦政府一个职位的影响是如此巨大，足以干涉一切，尤其是在对社会公众的影响力方面。一个人拥有官职要比一个人拥有知识要更重要。

▲鲍威尔是著名的探险家、地质学家，美国原住民权威。1869年首次漂流科罗拉多大峡谷，他所著作的《西部科罗拉多河及其支流之探险》，被列入地理、文学经典作品之列。

◀美国地质调查局标识

▲鲍威尔在野外考察时，和印第安人在一起

因此一些卑鄙小人，如鲍威尔和马什之流，他们之所以拥有巨大影响力，仅仅是因为他们身居其位。而他们是如何爬上去的并不重要……”

被取消基金支持的柯普不得不卖了一部分他的化石，甚至不得不靠出租自己的几间实验室来维系日常开销。最糟糕的是，柯普很不明智地把1875年继承到的一笔遗产投资于金融业，结果全部被“套”。

第十九乐章

柯普发难

1889年12月，联邦政府把柯普彻底逼急了。此前，柯普把手头联邦财政的基金全部投入到化石挖掘竞赛中，还花了自己筹集来的近8万美金，而现在联邦政府却要求把这些化石都移交给联邦政府（等同交到马什手里）。接到命令的柯普被激怒了！他利用新闻媒体作武器奋力回击。仇恨，准确地说是互相憎恶，终于变得公开化。

1890年1月12日，拜卢写了一篇文章发表在《纽约先驱报》头版头条——《科学家爆发仇恨冲突》。为这一天的到来，柯普已准备了数年。文中，柯普双管齐下地咒骂了马什："因为他的亲信都不能对已采集的化石进行正确分类及命名，于是马什就雇佣了国内外一些助手来进行这项工作，然后把这些成果据为己有，署上他自己的名字发表。"

在列举了一系列马什剽窃而来或是由助手代劳而成的作品后，柯普又指出马什写的一篇关于马进化的文章，是剽窃了俄罗斯古生物学家科瓦列夫斯基的著作，同样的理论已出现在许多生物学和古生物学教科书中。而且还说马什的著作是"有着一堆最明显的错误，并且体现了对以前发表的这类课题中的解剖学和文学方面的无知。"

这篇文章登报后，柯普在写给一位同行的信中说："当这世界黑白颠倒的时候，只有媒体是最好、最公正仁慈的武器来纠正这一切。它取代了古代的枪棒，是一项伟大的进步。"对此，鲍威尔则在同一张报纸里反驳道："我认为柯普就是撒旦！他在全球每个角落到处洗劫，哪怕是一片贝壳都不会放过。一旦找到，他就迫不及待地去将它们的名字打印出来，这样一来，他或许就可以作为其发现者而炫耀。……柯普的道德水准和他的教授身份非常不符，他缺乏信用和责任感，而且有着极度的虚荣心，这使其工作态度不端正，他对每一位同行都充满了嫉妒和猜疑，这两样特征综合起来，使他的脾气变得歇斯底里，并且使饶嘴饶舌搬弄是非成为他的天性，这在男人中极少见。"

这是一份措辞激烈的战书，有趣的是，对于马什同样的行为，鲍威尔却对其视而不见。

第二十乐章

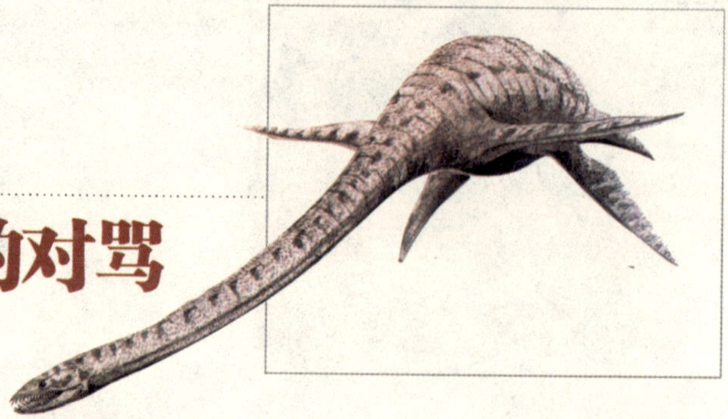

纽约先驱报的对骂

一周后，在下期的《纽约先驱报》上，马什一一否认柯普的指控，并声称柯普犯了“一系列的，在科学编年史中都没有能与之相提并论的大错。”至于科瓦列夫斯基，他反过来指控柯普和科瓦列夫斯基是世界博物馆的化石掠夺家。最后还刻毒地加上一句“科瓦列夫斯基最终因深受良心的责备而开枪自杀，结束了他不幸的一生。然而，柯普还活着，死不悔改。”

马什还指出当二人最初在柏林相遇时，“就有点怀疑对方是否心智健全”。然后以痛苦无奈的口吻写道：“如今我的话可能言重了点，但要记得过去10年来我一直在默默忍受着对方对我的攻击。”

▲科瓦列夫斯基奖章（正面）

▼科瓦列夫斯基奖章（背面）

科瓦列夫斯基，(1851~1916)

俄国民族学家、历史学家、法学家、社会学家、彼得堡科学院院士。生于俄国哈尔科夫，卒于彼得堡（今列宁格勒）。1872年毕业于哈尔科夫大学法律系，后去柏林、巴黎、伦敦深造。1878~1887年,任莫斯科大学教授，先后3次去高加索考察。1887年后，至欧美研究和讲学。1905~1916年，任彼得堡大学教授。1906年创立民主改良党，鼓吹君主立宪，1907年成为国家参议院议员。1912年，B.И.列宁曾指出他是“早就一只脚站在反动阵营里的思想家”。他是实证主义者，学术上深受英国历史学家H.J.S.梅因和古典进化学派的影响，其著作颇多，在他的著作中坚持母系氏族制是普遍存在的观点，认为父系家庭公社是母系家庭向现代个体家庭的过渡，明确划分两种公社，即家长制家庭公社（见家庭公社）和农村公社，认定后一种公社是氏族瓦解的形式。这些观点在学术界产生了一定的影响，马克思对此曾予以高度评价。

◀薄片龙终于变回我们熟悉的模样，这是加拿大库尔德内博物馆展出的薄片龙

马什最后还煞有其事的讲述了一段“令人不堪回首”的往事：就是关于薄片龙的脑袋。这个故事被马什杜撰成这样：“……1870年，我访问美国自然科学学院，柯普接待了我。在参观陈列品时，柯普既得意又挑衅地向我展示了薄片龙化石……可是我围着化石转了转，却发现了一个致命错误——柯普把薄片龙的脑袋装到尾巴上去了！我马上暗示他似乎把这可怜动物的头骨装错了方向，柯普突然被将了一军，顿时气不打一处来，刚愎自负的他无法容忍别人这样来‘诬蔑’自己的杰作，柯普显得非常气愤，并且一字一句地说，他研究这种动物这么长时间，至少知道哪端是头哪端是尾。我没想到柯普反应如此激烈，一时也慌了手脚。最后我们都同意让柯普的老师雷迪来定夺。雷迪轻轻地拿起薄片龙的脑袋，安装在另一边。此时，柯普的虚荣心受到了严重伤害，并且怀恨在心，此后他就把我视为眼中钉。我应他的要求，把他送我的书（指发表薄片龙的期刊）还给他了。但我这里还有另外两本，是我自己买的……。”

对薄片龙的事件，柯普在一天后进行了回复：“对于薄片龙脑袋放错了位置这个指责，我的回答是，‘在某种程度上我承认’。但是我很想知道，马什为什么要重提这个如此久远的往事？这使我不得不提起另一位著名的科学家，也是这个领域的前辈雷迪，他恰好做了同样的事情，甚至比我更糟，因为我也颠倒了这只动物。虽然我有能力来改正这个错误，但在很短的时间内，我的前辈发现了这个共同的错误，却在没有知会我的情况下便改正了它。”

第二十一乐章

盖棺定论

这次论战一直持续到1月26日，虽然论战并没有引起公众多大的兴趣，很多人认为这纯粹就是无聊，但柯普激烈言辞或许适时地影响到了国会。

1892年，国会急于削减财政预算，于是把矛头直指马什在地质调查局的工作。一些国会议员看了马什出版的一本关于齿腭鸟类的专题论文集后，认为这纯属亵渎财政预算，是一个浪费公共资金的典型。

其实，这本书是由马什自掏腰包印刷的，而且还得到了达尔文的盛赞，称这是“过去20年来，对进化论提供的最强有力证据”。但这些“长牙的鸟”还是成为了浪费财政的典型，古生物界也成为了联邦政府紧缩其银根的绝佳对象。马什就这样被赶出了地质调查局，骤然的银根紧缩，使他不得不抵押了自己的房子，并乞求耶鲁大学给他一份薪水来维持生计。

▼纽约自然史博物馆档案室最近发现了柯普于1879年7月在园林公园的野外笔记，实在是非常珍贵的文物

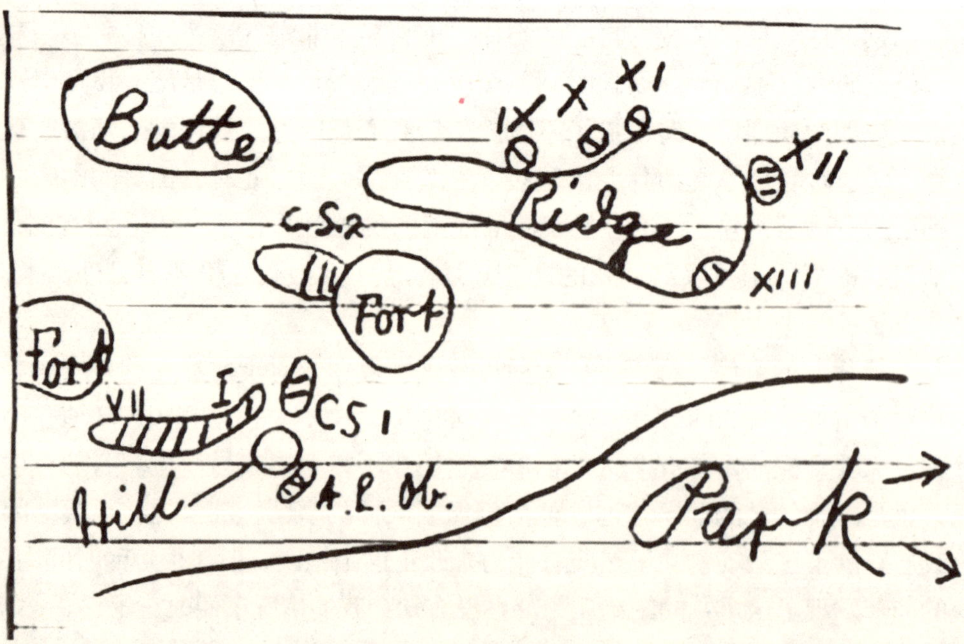

▲格兰特是美国第 18 任总统并连任一届（1869~1877）。杰出的军人往往并不能成很好的政客，格兰特也不例外。总体而言，他在 8 年任期上的政绩乏善可陈，倒是被誉为了“史上最腐败的八年”

要不是当事人辞世，这场无休止的战火似乎还真不知道要燃烧到何时。1897 年 4 月 12 日，年仅 57 岁的柯普在窘困中与世长辞，去世前他已经为发掘恐龙化石倾家荡产，他最后住在费城一家寄居宿舍的单人房间里，身边堆满了书、文献和骨头。

相比之下，马什还好一些，其晚年是在纽黑文市一栋富丽堂皇的房子里度过的。1899 年 3 月 18 日，68 岁的马什也追随柯普而去了。

从大多数标准来看，骨头大战的胜利者是马什。柯普唯一胜出的是其论文数量，在他极其勤奋的一生中，写出了约 1400 篇学术论文，描述了近 1300 种新的化石，这个记录到今日还无人能打破。虽然马什的论文数量较少，但他总共发现了 86 个新种，而柯普只发现了 56 个。更要命的是，柯普挖掘到的许多化石都已经被命名，或是难以确定种类。马什发现的则包括了现在家喻户晓的很多种恐龙。

相比之下，柯普更有才智，但却是个急性子，再加上粗心大意。马什则显得冷静、有系统、富有手段，而且是位优秀的政客，他轻松地穿梭于在上流社会之中，包括靠军功起家的第 18 任总统格兰特和著名金融世家罗斯切尔德家族，但古生物同行却都不喜欢马什。马什终身未婚，也没有几个所谓的好友，在他经常出没的俱乐部，则被认为是不可招惹、不要靠近的“暗黑大沼泽”。流言蜚语永随着他，经常听到的是比如说他专横卑鄙，把助手的成果据为己有，然后自己单独发表；他还是个吝啬鬼，从不按时付给雇员工资……

▼化石挖掘可不是件容易、好玩的事情，图为美国国家地质调查局在古生物学家海登的指导下进行化石挖掘时的场景

第二十二乐章

柯普的战书与遗嘱

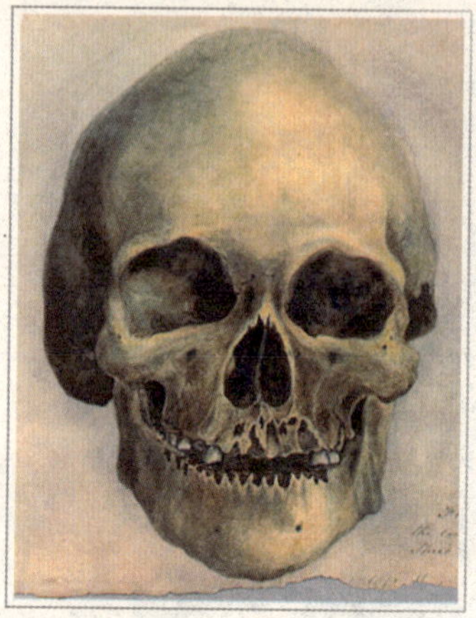

说回柯普生命中最后几年里，他还下了最后一道战书：如果马什够胆量，就把遗体献出来，让后人测量一下两个人谁的脑容量更大，以此最终裁定谁更聪明，也好给这段历史一个交待！俗话说死者为大，马什对这位行将如土还不忘挑衅一番的老对手没有当真，一笑了之。

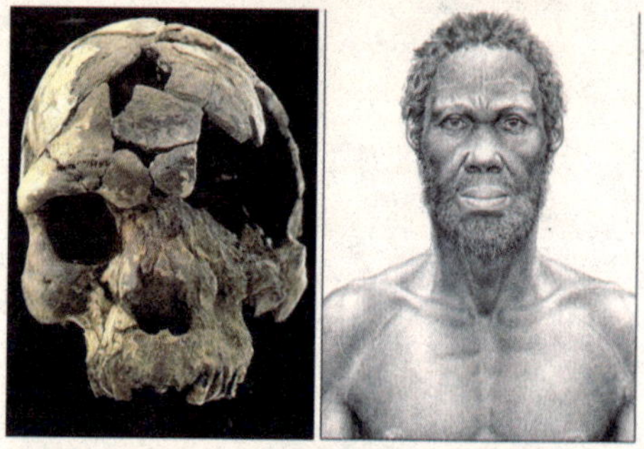

▲16 万年前智人的头骨化石和复原图

此外，柯普还真诚地希望自己被宣布为“人类”的模式标本，就是要将他的骨头作为人类的正式样板。通常，一个物种的模式标本就是被发现的第一件骨头，但由于“人类”的第一件骨头并不存在，就产生了一个空缺。柯普希望填补这个空缺。这是一个古怪而又没有价值的愿望，但谁也想不出理由来加以反对。为此，柯普立下遗嘱，把自己的骨头捐献给费城的威斯塔研究所。

◀如今费城的维斯塔博物馆

不幸的是，在经过处理和装配以后，人们发现他的骨头显示出患了早期梅毒的症状，谁也不愿意把这种特征保留在代表人类本身的模式标本上。于是，柯普的请求和他的骨头也就不了了之了。

后来，植物学家斯特恩在1959年建议将林耐本人作为智人的模式标本，因为他创造了统一的生物命名系统。但古生物学家巴克坚持他要将柯普的颅骨制作成一个模式标本，但是却从未公示过。而根据1960年版的《国际动物命名法规》，由于这两个人的建议都难于确定其可用性，所以都不被承认。智人模式标本的故事终于完结。反正我们人类到现在仍然没有模式标本，或者，我们根本就不需要这东西！

柯普与马什，这两个冤家二十几年的争斗虽然多少令人有点不齿，自然科学领域可能再也找不出另外两个人比他们更相互鄙视对方的了。但他们从客观上极大地推进了美国古生物学的发展，两位竞争者传奇般的故事激发了美国民众对古生物的极大兴趣，直接促进这方面人材的增长壮大，他们还首创了用石膏包裹以保护化石的方法，并开启了美国的恐龙复原流派。

迄今，安置在皮博迪自然史博物馆、费城自然科学院等地的巨大的恐龙骨架，以及遍及全球的很多骨骼复制品，都是柯普与马什千辛万苦收集来的战利品，也提醒着无数的后来人，那些地方曾经有两位自负的战士，那个国家也曾经有一段奔放的历史。

▼恐龙凶猛，而人类的争斗却绝不逊色于此（图片选自航空工业出版社：《恐龙真相》）

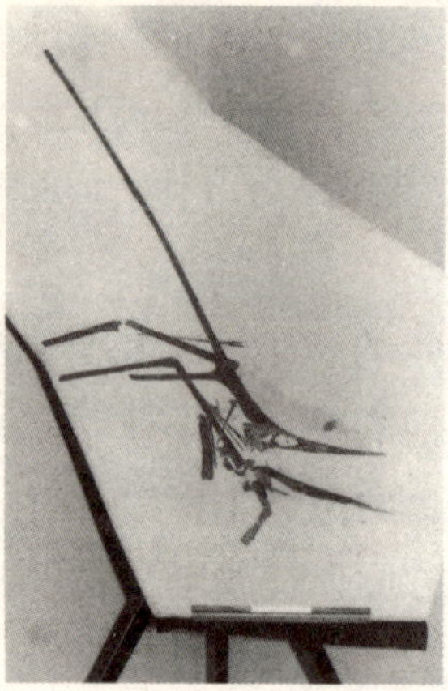

PART 8

御风传

科利尼在藏品中发现了一只奇特的动物，这个化石不同以往，居然有类似翅膀的构造，而且骨骼是中空的，上下颌又细又长。它的样子虽然像鸟，但身上没有羽毛，而且嘴里还长着牙齿。科利尼激动万分，因为这肯定是一个全新的物种，于是对该物种作了研究。

第一乐章

会划水的奇怪动物

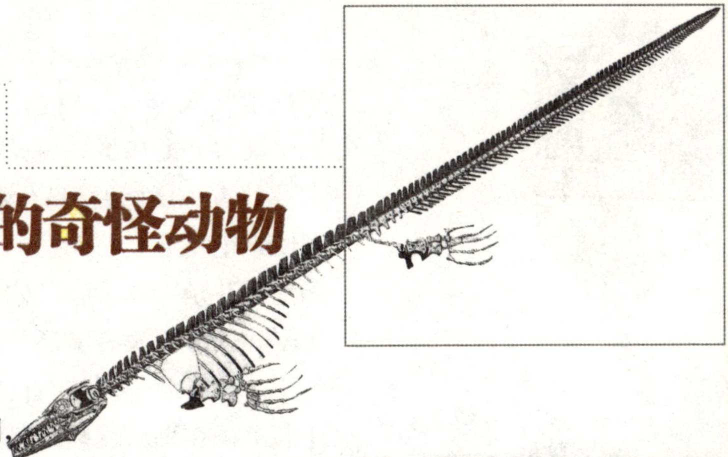

18世纪末期，一个专制主义盛行的时代，德国由8个选帝侯、上百个封侯、宗教领地和都市组合而成。他们的政治制度、风俗习惯甚至语言等，都颇有差异，唯一相同的是都写日耳曼文，并且隶属于神圣罗马帝国。这些大大小小的领主都采用了严格的行政管理制度，并开始建立常备军。

许多侯爵雄心勃勃地想使自己的国都成为文化中心，他们奉行开明的专制主义以促进科学和批判性的思考，这在一定程度上促进了科学的发展，尤其是古生物学。加之当时的达官贵人纷纷收集化石、奇异的动物标本以显示自己的品位与博学。于是，自然学热血沸腾了很久！

▼特奥多尔公爵

在德国西南部的曼海姆市，是帕拉丁选帝侯的领地，1743年由特奥多尔公爵（1724~1799）统治，他本身擅长谱写音乐，全力支持音乐创作和演出，而且还收藏了一批化石，放在曼海姆自然史博物馆。当时，意大利自然学家科利尼正是这个博物馆的工作人员，1784年，他被安排负责管理这批公爵的收藏，这是一批来自索伦霍芬的化石。

▶科利尼发现奇特的化石

▲索伦霍芬的徽章

索伦霍芬，对于任何一个对古生物学感兴趣的人都不会陌生，因为1861年在此发现了最古老的鸟类——始祖鸟，至今，在索伦霍芬共有10件始祖鸟化石出土，每一次发现都使索伦霍芬光芒四射，家喻户晓。侏罗世的索伦霍芬是一片泻湖，这片脱离海岸的沙洲与海岸间的区域没有汹涌的海浪，所以淤泥慢慢沉积，在以后不同的时代里，各种各样的生物遗骸沉积在湖底，被细腻的淤泥缓慢地埋藏了起来。加上泻湖底部的水含氧量极低，这都是化石形成和保存的优越条件。迄今，在索伦霍芬发现的动植物化石已超四五百种，其中多数动物是海生游水类的，近岸地区，还有一些昆虫、爬行动物、翼龙和鸟存在。

▲如今在索伦霍芬采集化石的人们

现在，科利尼在藏品中发现了一只奇特的动物，这个化石不同以往，居然有类似翅膀的构造，而且骨骼是中空的，上下颌又细又长。它的样子虽然像鸟，但身上没有羽毛，而且嘴里还长着牙齿。

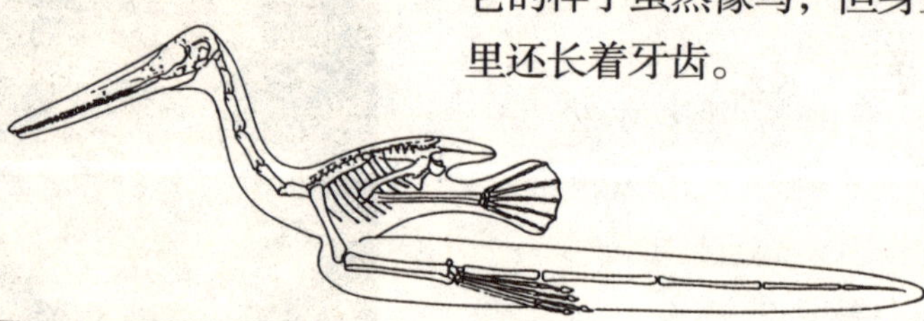

▲科利尼认为这种动物是一种分类未明的、可能营两栖生活的海生动物

科利尼激动万分，因为这肯定是一个全新的物种，于是对该物种作了研究，并发表论文，他认为这种动物是一种分类未明的、可能营两栖生活的海生动物。

当时，画家瓦格勒也据此把翼龙复原成一种会划水游泳的动物。但看过标本的其他古生物学家显然不同意，他们认为它是一种介于鸟和哺乳动物之间的非常奇怪的动物。

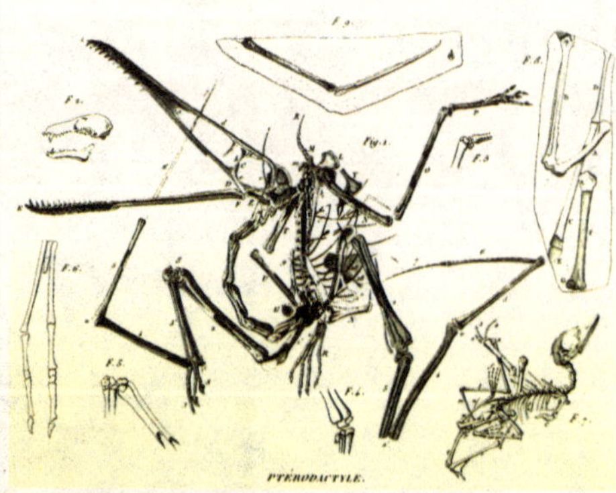

▲古老翼手龙最初发表论文的素描图

第二乐章

翼手之龙

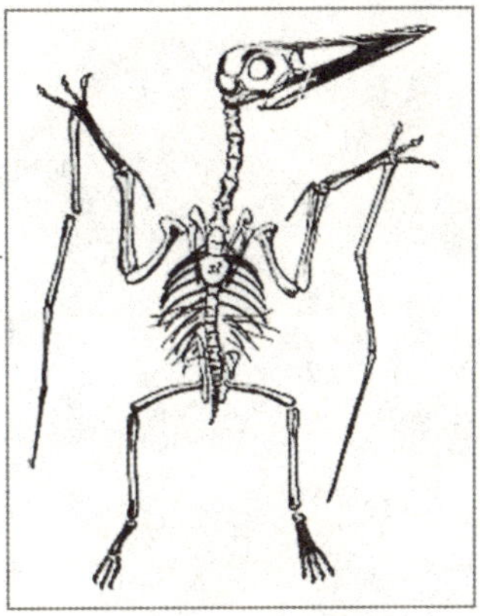

时间来到1800年，又是一个战争年代，拿破仑指挥下的法国军队开始横扫欧洲大陆，在获得大量赔款、财富、艺术品的同时，随军的自然学家也带走了被占区的动植物标本，甚至博物馆的收藏，这些物品源源不断地送到巴黎自然史博物馆。

▲在拿破仑的指挥下，法国军队开始横扫欧洲大陆，当然，一大批珍贵标本收藏也随之流入法国

此时，任职于该馆的居维叶男爵正在撰写《比较解剖学讲义》，他看到了不少被占区的珍稀标本，在解剖大量动物的基础上他提出了"器官相关法则"，认为动物的身体是一个统一的整体，身体各部分结构都有相应的联系。

居维叶不仅研究现生动物，还将当时已知的绝灭种类的化石归入同一个系统进行比较研究，运用器官相关的原则和方法，根据少数的骨骼化石对动物进行整体复原。

这些开创性的工作，使居维叶成了比较解剖学和古脊椎动物学的创始人。

▶巴黎国立自然史博物馆外景

▲最初对翼龙的复原

这年3月份，居维叶收到一封发自法国东北部斯特拉斯堡的信，发信人乃他的老朋友荷曼教授，荷曼在信中提供了科利尼的原始描述论文，还有两张比较准确的翼龙复原图，信上说“我认为这是一种介于鸟类与四足动物的物种”。这马上吸引了居维叶的注意。根据科利尼的描述，凭着深厚的比较解剖学和动物分类学的基础，甚至在没有看到化石之前，居维叶便认定该标本属于爬行动物中一个全新的类型——会飞的爬行动物，并命名为翼手龙（ptéro-dactyles），意为“有翼的手指”，他认为，翼手龙与蝙蝠、鸟类，甚至飞鱼等的翼的功能相似，因为它的前肢像鸟一样，已经演化成了飞行器官。

然而好事多磨，因为战乱，这块令居维叶望眼欲穿的化石直到1809年才被送到他手中。

在仔细观察标本后，居维叶认为，绝大部分鸟特别是现生鸟类是没有牙齿的，而翼手龙的上下颌齿槽内大多长有牙齿。从这一点可以看出，翼手龙不是鸟。翼手龙的下颌骨由几块骨头组成，不像蝙蝠等哺乳动物是由一块齿骨组成的，所以翼手龙也不是蝙蝠。

至此，人们终于意识到在爬行动物征服陆地后，它的一个分支竟能克服地心吸力飞向了天空。假如飞天有意，那么她已把最珍贵的第一件礼物赠给翼龙，让它们自由飞起，无拘无束。

▲蝙蝠

▲早期对翼龙的复原草图

第三乐章

蝙蝠的诅咒

翼龙，与它们的恐龙亲戚一样，是演化史上最为成功的物种之一。

翼龙是飞行动物中的极限，因为中生代的蓝天再无其他生物触够与之争锋，即使现在也没有。

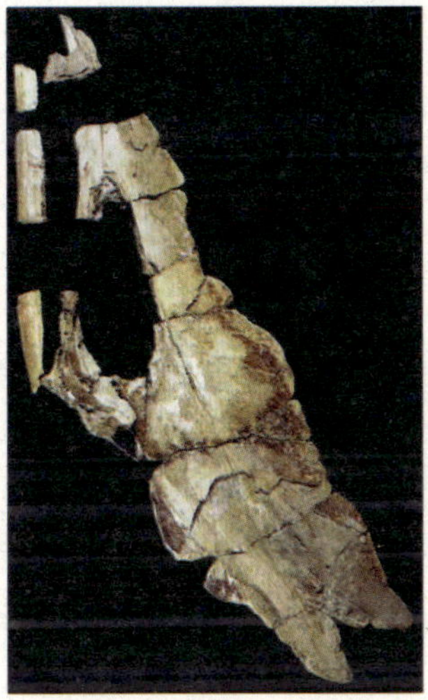

▶掠海翼龙的头骨化石

但是长久以来，在很多人的印象中，翼龙几乎等同于蝙蝠，唯一不同的是前者为爬行类，后者为哺乳类而已。

在国内许多科普读物里也常看这种描写："翼龙的身体构造使它无法从地面起飞，必须从海边的悬崖乘风滑翔而起……"，"……与蝙蝠差不多，它们的翼膜从长长的第四指起几乎是一直延伸到脚踝上，所以它们几乎无法在地面行走"。

▼蝙蝠的翅膀（供图／中科院动物所）

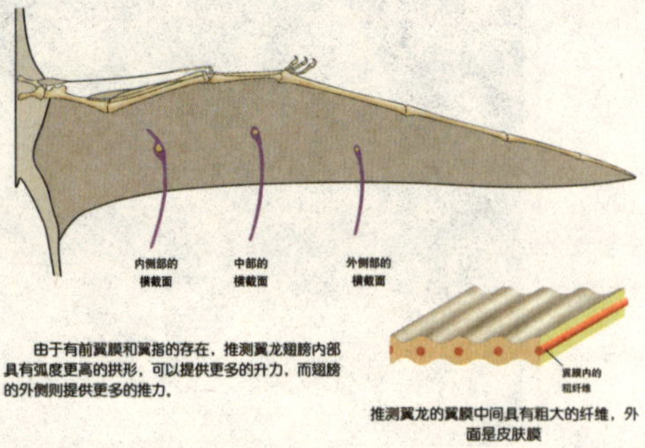

▲翼龙翅膀截面结构

我从小也继承了这种观点，但直到我成为古生物学者后，逐一检视各种翼龙的化石资料，却得到一个相当诧异的结果，那就是根本没有任何一块化石显示翼龙有蝙蝠状的翅膀，没有一块化石显示其翼膜从第四指延伸到脚踝。那么事情就变得诡异，这些传统刻板的印象到底从何处来？

回溯关于翼龙最早的文献，科利尼发现第一件标本之后的1817年，德国古生物学家索莫林最早发表其复原结果的论文，他描绘出一种类似蝙蝠的骨架——其翼膜从颈部开始向外延伸，一直延伸到头三根手指，并向外扩展到加长的第四指尖端，然后转弯向下，附着在该动物的脚踝与尾部。事实上，这件标本并没有保存任何关于翼膜的痕迹，谨慎的索莫林在图上也只是用虚线标出，显示翼膜的心态只是他的推测。但不幸的是，他不只是把翼龙画得像蝙蝠，而就是认为这件标本属于某种蝙蝠！

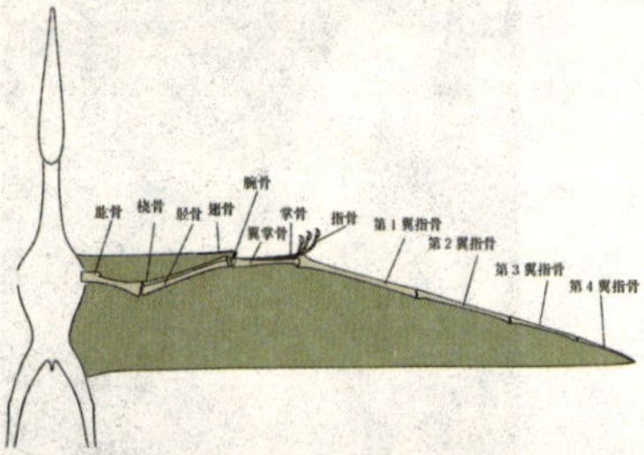

▲翼龙翅膀的构造，从左到右依次可以看到肱骨，尺骨，桡骨，翅骨，腕骨，翼掌骨，第1-3掌骨，第1-3指骨以及第1-4翼指骨。

索莫林的观点马上受到来自居维叶的挑战，居维叶早在1801年便断言这件标本属于一种飞行的爬行动物。然而索莫林的图解已经散布开去，而且迅速深入人心。

到了1836年，那位养鬣狗的巴克兰在其《布里奇沃特专论》一书中引用了索莫林的图解，还加上了一幅翼手龙正在滑翔，并运用它们前三个指攀附在悬崖上，就像直立的蝙蝠。《布里奇沃特专论》一书畅销欧美，拥有大量的读者，被视为灭绝动物的权威书籍。

于是，在人们的脑海中，这种拥有大翅膀、翼膜与脚踝或脚趾相连的蝙蝠型翼龙形象就保存了下来。并在19世纪至今的很多通俗读物中一而再，再而三地出现。

▲《布里奇沃特专论》一书中的翼龙

第四乐章

竖起无名指一统天国

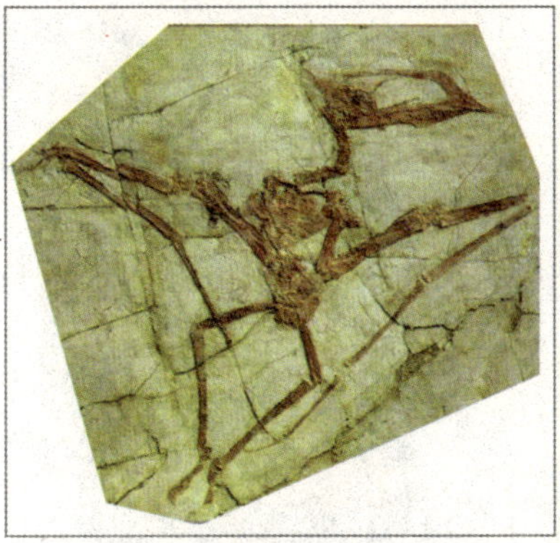

飞行，必定要求有一副完美的躯体。翼龙之所以能翱翔天际，这些完美躯体必须越轻越好。从莱特兄弟的“飞行者”1号到协和超声速客机，都离不开那对机翼。而机翼大致由蒙皮、内部肋梁构成。亿年前的翼龙游戏天空的原理也是源自手臂，翼膜，他们正等于由蒙皮、内部肋梁而构成翅膀。

▼电脑绘制的翼龙3D模型，红色部分为翼龙翅骨，蓝色部分为翅骨支撑的前膜。这个结构是不是像极了飞机的襟翼？

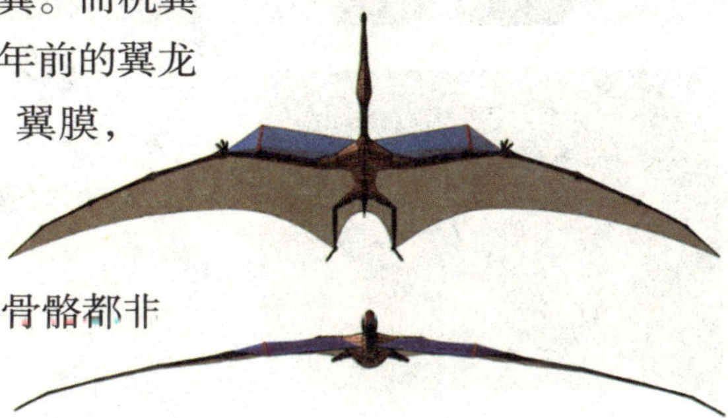

值得强调的是，翼龙所有的骨骼都非常薄，几乎与纸一样薄的管状骨既轻巧又能承受住最大的压力，有些骨骼甚至充满了空气（这也大大增大了它们成为化石的难度）。像妖精翼龙（Tupuxuara）这种翼展达6米的大型翼龙，展开翅膀虽然有一座小房子那么宽，其实际重量却超不过一个小孩子的体重！

▲法、英混血的协和超声速客机。协和客机从巴黎至纽约通常只需3小时15分钟，而巴黎和纽约的时差是6个小时，也就是说，从时间上来讲，乘协和客机从巴黎至纽约的乘客实际上“尚未出发，就已到达”。

而翼龙最奇特之处，就是加长第四指后变成一个翅膀，翅膀连接翼膜，第四指支撑它这个翼膜进行飞翔，就像风筝的竹子骨、飞机的机翼一样，这在爬行动物中是绝无仅有的，我们叫它翼指。

翼指由四节指骨构成，粗壮而坚固，并一直向它的肩膀方向伸展。翼指加上手臂连接着身体，这很适合支撑前膜——一片横跨肩部和腕部之间区域的薄膜。

▼热河翼龙翼膜的特写，可以清楚地看到呈放射状的肌肉纤维

翼龙另外一个奇特之处也相当独到，那就是翼龙的翅骨。这种骨骼在其他的爬行动物里面前所未见，呈圆棒状翅骨从手腕部位伸出，向翼龙的肩带的方向伸展。那么翅骨起什么作用呢？除了在支撑前膜，这个最基本的作用之外，翅骨还能在起飞时为前膜增加30%的升力，在着陆的时候增加15%的阻力。

因此，有着翅骨这样构造的翼龙既不需要很大、很重的翅膀，也能在较低的起飞速度下产生足够的升力，使体重、速度、阻力和能量消耗达到综合性的最佳化。

再来看这一片大大的翼膜，它要保存成化石非常难，只有为数甚少的几块标本，近年来在中国辽西发现的标本也相当不错。

在保存状态良好的翼龙化石中，古生物学家发现翼龙的翼膜中充满了微小的肌肉纤维，纤维呈放射状，它们僵硬、坚固，薄而平整并由皮肤连接在一起，它们可能像雨伞的伞骨般具有补强作用。而且翼膜中存在密集硬纤维，这些纤维加上肌肉、血管和感觉神经组成的一个分层结构，该结构形成一个弯曲的表面，这曲面的曲率刚好能使翼龙在飞行时遇到强风能避免翻滚或撕破翅膀，也使其翅膀在展开时更加有力，但是在落地合拢后又能使翅膀折叠起来。

▲安文博士是世界上著名的翼龙专家(摄影/邢立达)

▼安文给笔者赠书上的签名，附加一个小翼龙是他的招牌

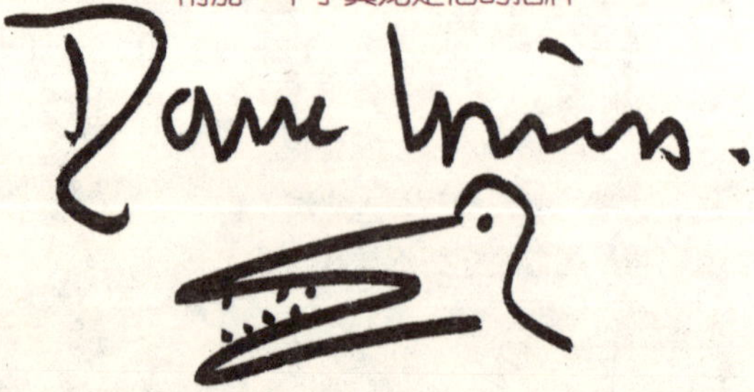

第五乐章

连风神也嫉妒

有鸟焉，其名为鹏，背若泰山，翼若垂天之云，抟扶摇羊角而上者九万里，绝云气，负青天，然后图南，且适南冥也。

——《庄子·内篇·逍遥游》

“噢耶！巨龙！……应该不是，什么动物有这么细的腿骨？”

1971年，劳森在得克萨斯州与墨西哥交界处的山丘上苦干许久，好不容易找到一段骨头。他是美国得克萨斯大学地质专业的学生，正在为了论文而寻找化石标本。计划中，劳森希望在此地的晚白垩世地层中找到恐龙，比如镰刀龙或巨龙。可眼前这段镶嵌在岩石中，1米长的细长骨头却不应是恐龙所有，劳森有些沮丧，顺手用地质锤砸下一段骨头，带回学校交给他的老师——兰顿教授。

“劳森！我发现你是我最优秀的学生！你的论文不用犹豫了，就写这化石，快带我去发现点！”刚接过化石的兰顿激动得不能自抑，一句话定了劳森的论文，二话不说点齐兵马杀向化石点……之后经过4年的连续工作，兰顿的学生军团挖掘出大量破碎的化石，并确认其为三只同种翼龙的骨骼碎片。

▼1971年正在野外挖掘现场的劳森博士

▶劳森博士将风神翼龙巨大的肱骨展示给人们

研究时，劳森灵光一现，想起了墨西哥原住土著，哥阿兹特克人与托尔特克人崇奉的重要神祇——风神科沙寇克阿特（Quetzalcoatl），一位长着羽毛的蛇神，于是将其命名为风神翼龙（Quetzalcoatlus），中文有时也译为披羽蛇翼龙。

这风神翼龙绝对是连风神也嫉妒的物种。仅在未成年阶段，风神翼龙的头骨就长有 1 米，翼展竟有 5.5 米宽，根据翅骨碎片来看，成年的风神翼龙翼展约有 11~15 米宽，这绝对是地球生命史来最大型的飞翔动物！其翅膀面积与小型飞机差不多大，但由于中空的骨骼和瘦小的躯干，它可能还没一个人重。

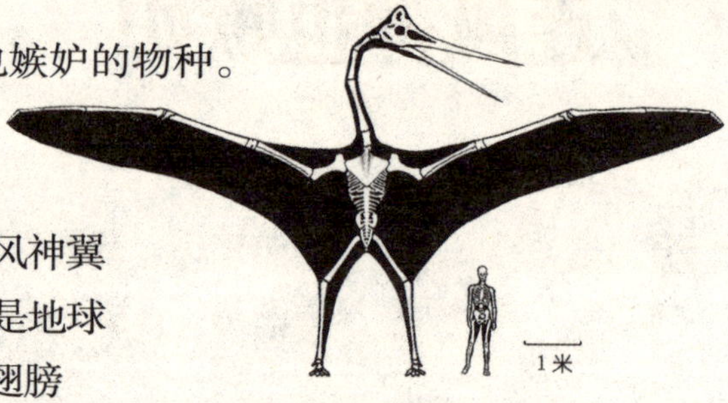

▲风神翼龙与人的轮廓比例图（绘图 / 张 宗达）

风神翼龙的嘴巴又长又细，口中没有牙齿；喙前端不是尖锐的，而是钝的；它的眶前孔（位于眼眶前方的孔洞）巨大，差不多占了头骨全长的二分之一，这无疑对其大头减轻了相当多的重量；风神翼龙头上有脊冠，位于眼眶前上方；其脖子非常长，达 2 米多——这与长颈鹿的脖长不相上下；它的腿很长，有平衡大头的作用。远观之，风神翼龙呈现了类似鹤或鹳的外表。

▼2006 年图克森化石展上等大的风神翼龙骨架模型

这样，有着如此优雅而完美外形与“装备”的风神翼龙就可以开始通往天际了。风神翼龙的滑翔能力依赖于一种叫作风力载荷的特征，即动物的翅膀面积与体重的比率。现代最好的滑翔机设计为每下降 1 米前进 4 米，巨大的翼龙可能比它出色得多。而且风神翼龙还具有缓慢减速下降的能力，能够获得上升气流并快速地冲上云霄，其中技巧，请听下回分解。

第六乐章

生命史上最完美的滑翔者

风神翼龙会积极寻找它附近所有的上升气流，最容易得手的无非是被山坡或陡崖抬升的气流，当风吹过山坡时，在迎风坡，风会向上弯折而产生垂直方向的风速分量，这就是斜坡上升气流。只要风不停止，山坡上就有上升气流的存在（1891 年李林塔尔滑翔开始，人们才知道利用这种上升气流）。而太阳照射地面，吸收快的沙滩、耕地、向阳山坡也能形成上升气流，这叫热力上升气流。朵朵积云就是上升气流的“帽子”，是长途滑翔的“加油站”。所以，风神翼龙可能会整天跟着积云，然后上升到 5 千米的高度，在这个高度它们不需挥动一下翅膀便能飞越 50 千米。

▼李林塔尔（1848-1896）为德国工程师和滑翔飞行家，世界航空先驱者之一。他最早设计和制造出实用的滑翔机，人称“滑翔机之父”。

即使在水上，一个有经验的滑翔者只要稍微加力就能利用波浪上的空气动力来保持飞行。在波浪的上风面上它能获得上升力，它保持超低飞行，这样就能利用"地面效应"，所谓的地面效应是飞行物由于水面干扰的存在，其升力面（通常指翅膀，机翼）的下洗作用受到阻挡，使地面或水面与飞行器升力面之间的气流受到压缩，即机翼下面的压力升高，因而增大了机翼升力，同时减少阻力的两种空气动力学特性。简单来说就是有一个空气气垫在风神翼龙下方，这有助于它的长途飞行或爬升。

同样，风神翼龙也可以利用海洋上的风速梯度。风与水有摩擦力，这就意味着越接近水的表面风速越慢。一只贴近水面飞行的风神翼龙能上升到更快的气流中，增大的上升力将一直把它推到更高的地方，直到它失去动力时为止。然后它与风向成一定角度向下滑行，进行加速并做好准备重复整个过程。

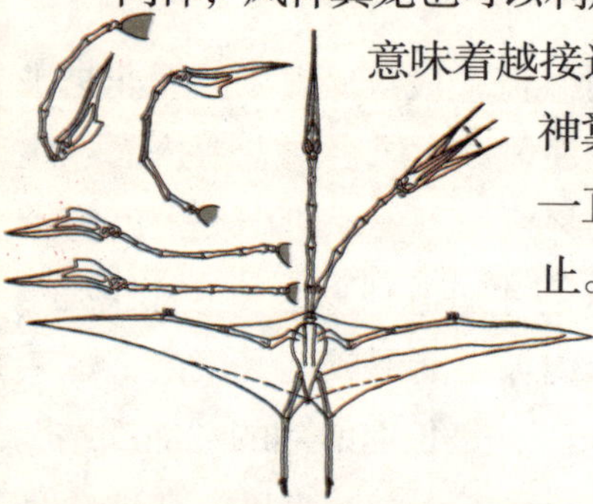

▲风神翼龙的骨骼线条图（绘图/邱璞）

有人提出风神翼龙的起飞和着陆可能会成问题，它们应从悬崖上跳起来开始飞行。但是，伴随着它们巨大的翅膀所给予的上升力，一阵轻风便足以让它们起飞。

▲风神翼龙全身化石骨架，第17回东京国际矿物地质博览会展出（摄影高桥和男）

放飞我们的想象力吧，在一个好天气里，一只风神翼龙只要扇一下翅膀，或许就可以飞越500千米！与风神翼龙相似的还有鸟掌龙，在此之前和从此以后，地球上再也没出现过如此完美的滑翔者，清风于翼下，环球巡视……

◀美国德克萨斯大学的兰书尔教授正在操作一个风神翼龙的模型，考察它拍翅飞行的可能性

第七乐章

骄傲的三叉星

风神翼龙之外，还有一种翼龙也是令人咂舌不已。那就是夜翼龙，夜翼龙的名字可能会有点误导之意，让人以为该种翼龙在夜间出没，其实不然，夜翼龙与夜晚毫无特殊关系，即使有，我们在化石上也看不出来。

马什命名的时候是由化石外形联想到蝙蝠的外形，而蝙蝠一般都是在黄昏、夜晚出没的，所以夜翼龙由此得名。夜翼龙的翼展达 2.9 米，头上都有一脊冠。

夜翼龙与它的亲戚兼邻居无齿翼龙一样，都生活在晚白垩世的美国堪萨斯州附近广阔的海面。

▲宽阔的尼奥布拉拉海域曾是巨型生物生活的天堂

晚白垩世时期，北美洲大陆被一个浅海所分隔在中间，称为尼奥布拉拉（Niobrara）海，这个内陆海盆估计有 1600 千米的宽幅。在这个古海中生存的生物倾向于体型硕大无比。海中的蛇颈龙可成长达到 13 米长，而某些牡蛎可以达到 46 厘米大。

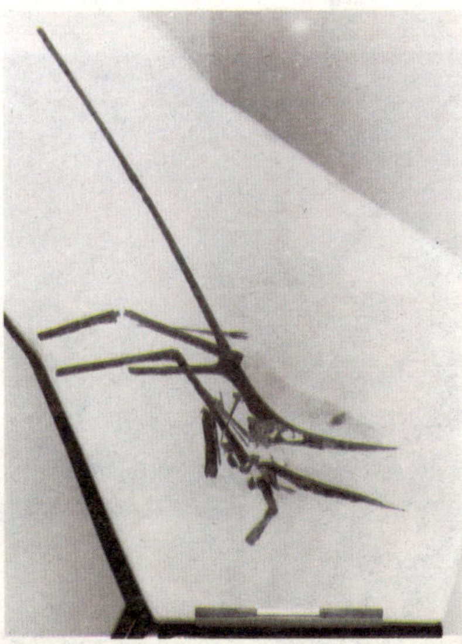

▲KJ1 标本

长久以来，大家都以为夜翼龙只有一个小小的脊冠，直至 KJ1-2 的发现，夜翼龙终于可以扬眉吐气，成为一群在空荡荡的堪萨斯海上游弋的骄傲的三叉星。

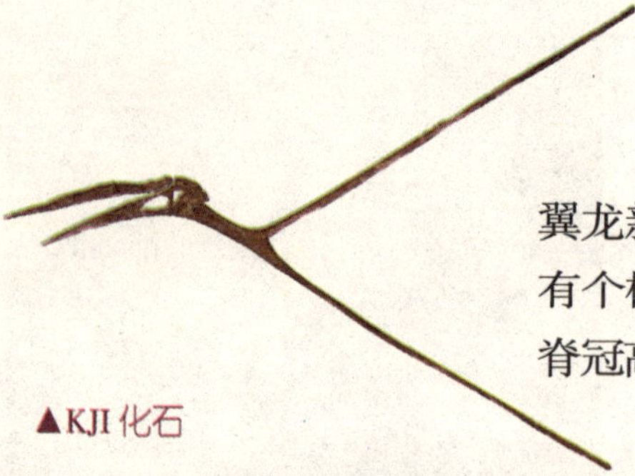

▲KJI 化石

KJ1-2 是由古生物学家班尼特博士在 2003 年鉴定的。新发现两个夜翼龙新骨骼暂称夜翼龙 KJ1-2 号标本，它们都有个极长的骨质脊冠，标本 KJ1 号，其头骨及脊冠高达 70 厘米，标本 KJ2 号也高达 90 厘米。这脊冠的长度已经与它的翅膀差不多长。正面看过去，活像一枚奔驰汽车的三叉星徽标，三叉星代表着征服陆海空的愿望，我看 KJ1-2 也差不多实现了。

▲夜翼龙喙部化石

KJ1-2 拥有如此巨大的帆状的脊冠，不仅在夜翼龙科中无人出其左右，而且在翼龙中也是极为罕见的，类似的只有古神翼龙，但古神翼龙高高的脊冠只有其翅膀长度的五分之一，不像 KJ1-2 那样，拥有几乎与翅膀等长的脊冠。拥有叉角的高大脊冠可以支撑起一张由软组织组成的巨大的帆，这使 KJ1-2 能在经常肆虐的海风突袭时，通过调整脊冠角度来稳定住自己，以及更好地“劈”开大风越过海浪来觅食，一些空气动力学的研究好像支持这个理论。当然，脊冠还能在交配季节被用来博取雌龙的欢心。

可惜的是，这么有趣的物种却因为属于一位私人收藏家，而非公立机构所有，而导致 KJ1-2 的详细资料至今还没能很好地发布出去，只能借借专栏这小小的一亩三分地来一表敬意了。

▼夜翼龙的形态令人咂舌不已

PART 9 科学茶座

倘若恐龙未亡，今日就没有我在这里说东说西，摩拳擦掌地在文章中铺撒感叹号。

倘若恐龙未亡，这个世界的污染并不见得会减少多少，因为如果任由恐龙进化至今，它们极可能也是高智慧动物，语言、工业化对它们而言，不是遥不可及。

第一乐章

给《自然》杂志画封面

——“远古翔兽”复原图制作手记

12月14日，《自然》杂志刊登美国纽约自然史博物馆孟津和中国中科院古脊椎所胡耀明、王元青、汪筱林和李传夔撰写的论文《中国东北地区中生代一滑翔的哺乳动物》。该期《自然》同时以本报专栏作家、中科院古脊椎所古生物网总编邢立达和中国恐龙网画师赵闯合作的“远古翔兽”复原图作为封面。这是中国画师制作的古生物复原图首次登上《自然》杂志的封面，在一定程度上结束了外国画师垄断中国古生物题材复原图制作的历史。

▲这是《自然》杂志首次选用中国画师的古生物复原图呢！

修改了又修改

2006年9月5日，我接到通知，此前汪筱林研究员关于飞行的哺乳动物文章被《自然》杂志正式接受，将委由我来负责绘制复原图。

此前，我已经给古脊椎所的老师们做过多次复原，但屡次冲击《自然》、《科学》这两大顶级科学杂志的封面都未能成功。机会再次降临，我自然跃跃欲试。

我首先同论文的第一作者孟津取得了联系，沟通了关于翔兽的绘图事宜，并获得了相关的化石照片、轮廓图和素描复原资料。随后与赵闯开始绘制复原图的合作。

▲翔兽复原图最后完成时，你能找到未完成之处吗？欢迎大家来找茬。

复原的第一步工作是绘制草图。据推断，翔兽很可能是夜行动物。所以我们要以傍晚为时间背景。同时，翔兽的轮廓也大致成形：长 12~14cm，方头、长尾，前后肢之间有皮膜。但我们首批草图却暴露出许多硬伤，比如四肢的形态过于进步，皮膜尺寸形状明显不对等等。经过与孟津的反复沟通后，我们对草图进行了多次修改，终于确定下比较理想的构图。

最终构图上有两只翔兽，这样可以从两个侧面展现翔兽所有的较明显的特征，包括其极特殊的牙齿造型在张嘴、闭嘴时的不同形态，运动与静止时四肢的形状，皮膜张开和收拢时的具体形状，以及动物正面和背面的基本轮廓。

构图完成之后我们开始绘制素描稿。优秀的复原图关键在于动物形体比例精准、细节丰富，为了使翔兽的形象尽可能准确，赵闯依据翔兽的骨骼测量数据绘制了比例轮廓图，我则绘制了翔兽头部细节素描。在这个关键的过程中，我们不断听取孟津的专业意见：翔兽是一种特殊的食虫类动物，它的犬齿增大，下颌联合部较深，区别于其他中生代哺乳动物，接近食虫类蝙蝠的下颌。

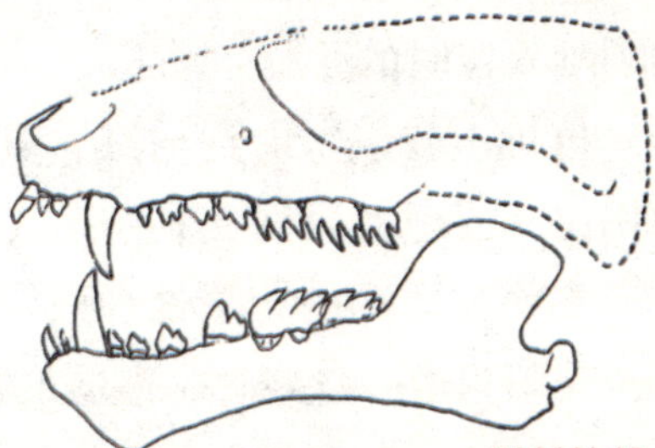

▲翔兽头部线条图

▼翔兽化石

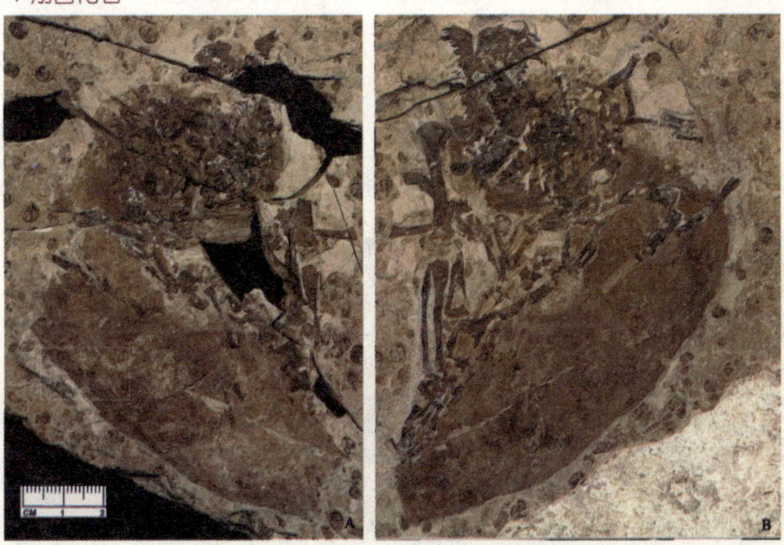

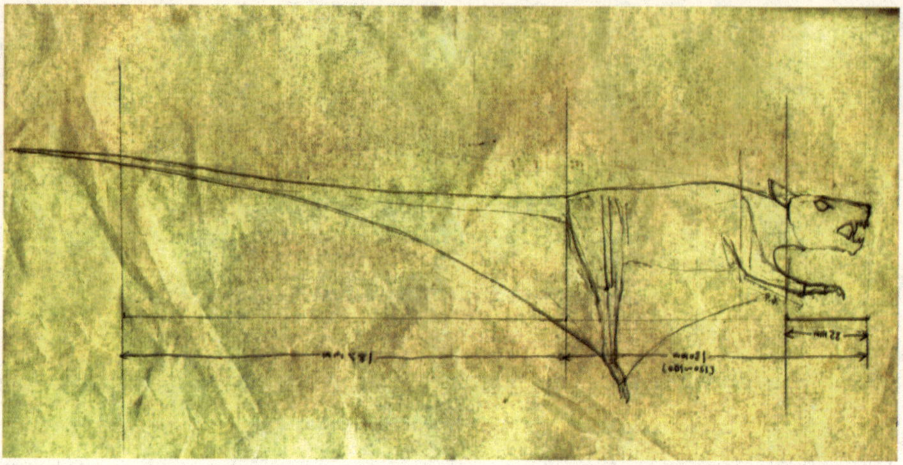
▶翔兽比例轮廓图

放弃绘制花纹

▼漂亮的蜜袋鼯鼠

复原图最后的阶段是上色。我们先要确定画面的整体色调。虽然翔兽主要在傍晚活动，但我们不想直接描绘落日的场景，那远不如刚刚入夜时的朦胧生动。

再加上我们考虑到与红、黄两色的落日场面相比，深色的画面更利于杂志封面使用，所以最终将复原图的背景处理成深蓝色，天空中繁星点点，残阳只留一丝余晖，微弱的橙色从读者的方向进入画面，把翔兽照亮。

图中两只翔兽的上色则比较顺利。翔兽是最早带有毛发的哺乳动物之一。一般来说，比较原始的哺乳动物，毛发的花纹比较单调，而较进步的类型花纹就会较特化。因此，我们只对翔兽的毛发色调花纹做了简单处理。

在此过程中，我们曾想过为翔兽配上如蜜袋鼯或者金花鼠般的美丽花纹。

但经过几次尝试，我们放弃了这一想法。因为我们发现花纹破坏了画面的色调，更破坏了画中动物的轮廓和结构，让画面看起来很不协调。

◀模拟翔兽的飞翔姿态

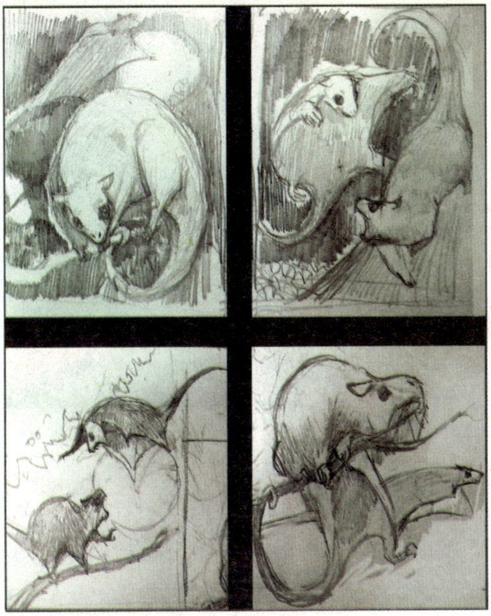

▲翔兽复原图落选的 4 个方案

最后，我们只是淡淡地在其背部和尾部做了些简单装饰。

最后，大配角，供翔兽攀爬的树登场了。孟津建议画成松或银杏。我们首先试用的是松树。但这种树树皮太过粗糙，破坏画面的细腻，而且画面中的松针也显得很不和谐。于是我们决定改换成银杏。但画上的银杏却受到了批评。孟津在最后定稿时来信要求更正银杏叶，因为侏罗纪的银杏叶有多个开裂，显掌形，与现在扇形的银杏叶完全不同。

漫长的等待

发稿完成后便是漫长的等待，最初孟津预计论文可能会在 10 月 18 至 21 日北美古脊椎动物学年会开会的那一周刊出，但为配合杂志封面，论文就被暂时压了下来，拖到了 12 月 14 日。

所幸功夫不负苦心人，图片终于如愿以偿登上封面，并广受好评。

现在重看这张复原图，还是觉得图片有种种不足，依然有许多可以修正与补充的细节。赵闯说："我总觉得自己实在有愧于这个殊荣，我只是个稚嫩的孩子，跟着大家的指引，循着大家的足迹跌跌撞撞地走下来。"我们希望自己不成熟的绘画能慢慢地成长起来，为中国古生物事业的发展以及古生物知识的普及做点力所能及的事。

▲翔兽复原图最终草图

第二乐章

街口遛狗的恐人们
——倘若恐龙未亡

倘若恐龙未亡，今日就没有我在这里说东说西，摩拳擦掌地在文章中铺撒感叹号。倘若恐龙未亡，这个世界的污染并不见得会减少多少，因为如果任由恐龙进化至今，它们极可能也是高智慧动物，语言、工业化对它们而言，不是遥不可及。

当下，香港明珠台正在热播电视剧《Primeval》（译为《远古入侵》、《史前逃龙》，星期三晚十点半），这部投资巨大的科幻电视剧（相对于英国的科幻剧来说）由 BBC《与龙同行》班底监制，讲述了 Nick Cutter 教授和他的小组在迪恩森林调查时发现了时空异常现象，这种异常产生的副作用直接导致远古时代的恐龙和许多令人难以想象的“怪物”来到今日的地球。我匆匆看了昨晚的一集，竟然是来自未来的动物入侵现代与二叠纪，其中这个来自未来的动物就有少许类似于想象中的“恐人”，片中的人类被耍得团团转。

▲《远古入侵》的骇人海报

▲拉赛尔博士

记得多年前，我应邀访问加拿大渥太华的国家科学博物馆，博物馆里面的化石与模型都是我司空见惯的，那些史前巨兽对专攻古生物的我，其感官刺激已经降低到麻木的水平。但就在此时，一尊非常怪异的模型却令我惊骇：它没有尾巴，直立的两腿，跨着大步，上肢悠闲地晃荡在体侧，除了大得出奇的眼睛，长得吓人的尖嘴巴和绿色的皮肤外，它和人是那么的相像。这就是拉塞尔（Dale Russell）设想的“恐人”（Dinoman）或者“类人龙”（Dinosauroid）模型。

▼加拿大国家科学博物馆的伤齿龙与恐人模型

拉塞尔是世界著名的恐龙学家，从事恐龙研究四十余年，原供职加拿大渥太华国家科学博物馆，1996 年退休后又移职到北卡罗莱纳大学领衔古脊椎动物学，继续他的恐龙探索。恐人就是根据他 1972 年研究的一种小型的、两足行的肉食性恐龙——细爪龙（Stenonychosaurus）发展而来的，细爪龙现在已经并入伤齿龙类（Troodon）。

▶有着大大眼睛的恐人头部特写

伤齿龙是一类身体轻盈，行动机灵的兽脚类恐龙，它有着较大的脑袋和眼睛，前者按脑体比(即脑容量与体重之比)推测，它的智力水平在恐龙家族中是佼佼者；后者则拥有特化的视觉神经构造，两眼的视域有重叠，因此拥有立体的视觉。而伤齿龙以后面的两肢站立，以前面两肢来抓取东西，且善于奔跑，它们可能是集体寻找猎物，有时可能集聚成群，一起攻击比它们大几倍、十几倍的大型恐龙，它们如狼群一样，有族群的结构，相互之间有信息交流和分工。根据这些特征，拉塞尔与动物标本制作家西吉恩合作，借助于电脑，模拟出伤齿龙进化成“恐人”的可能外形。

▶美国天文学家萨根

1997年，美国的天文学家萨根（Carl Sagan）在他的名著《恐龙伊甸园》中，针对拉塞尔的研究作了进一步的发挥。他说："恐龙如果没有在6500万年前离奇地绝迹，它们是否会发展成具有高度智慧的生物呢？聪明的恐龙可能会懂得集体猎杀大型哺乳动物吧！若果真如此，由中生代结束以后的哺乳动物势必不能如历史记载般大量地繁殖。如果恐龙没有绝种，那么今日的万物之灵可能就是恐龙的后代；它们会写字看书，也会猜想假如世界上到处都是哺乳动物的话，这个地球会是何种模样？"

至于业内人士，比如奥斯特罗姆的得意门生——有名的"恐龙顽童"、"古生物圈子里的叛逆小子"巴克，曾经直言不讳地提出恐龙并未完全灭绝，鸟类就是恐龙后代。巴克对此恐人有过表示，他在《恐龙新论》中写道："有些人在塑造恐龙时，细节部分虽然有待商榷，我也不一定同意，但拉塞尔所虚构的恐龙却蛮真实的。此外，头部较大的恐龙当然比其他同类聪明，也比较擅长捕捉如老鼠般大小的哺乳动物。"

那么，如果没有那颗大陨石，伤齿龙还会遇到什么难题呢？第一关肯定是冰河时代，但现在的兽脚类恐龙中的手盗龙类都发现了大量的羽毛护体，其中不少还能滑翔于天际，与鸟类有着千丝万缕的联系，这显然已经从冷血进化到温血的阶段，那么也不会在冰封大地的时候灭绝。既然是温血，那么它们大可以一路走来。在那个与今日相差不远的生物圈中，自然选择的压力下都极有可能促使一种智慧动物产生，在约5000万年的进化之后就会成为恐人。此时的恐人身高约1.4米，体重约35千克，温血，其脑袋膨胀凸起；嘴里面有两排刀刃一样的同型齿；拥有类似猫眼的、可适应夜行的眼睛；细长灵活的、3指的、可对握的双手；平胸，没有乳房；没有外露的性器官，而是被可折叠的皮膜所遮盖；它们可能也通过性交和怀孕胎生后代，以反刍半消化的糜状物喂养后代……

◀猿猴

可怕的是，由于恐龙在地球上出现的时间要比猿猴起码早上6000万年，可以设想，恐人的进化势必也比猿人早得多。而由恐人霸占的生态区位，也决不会有猿人出现——其祖先早就被消灭在萌芽状态，成为一道不错的佳肴。总之，恐龙可以继续欺负脚下的哺乳动物。

此外，恐人的科学技术很可能远远高于我们当代的人类，从伤齿龙只有3趾来看，恐人的数学一开始可能是6进制；从那些身体庞大，体长达四五十米的蜥脚类恐龙来看，恐人在力学上一定会有大的成就。我一直幻想着让恐人来建造跨海大桥，比如横跨台湾海峡，或者英吉利海峡的大桥等等，应该是小菜一碟。至于恐人的宠物，我想大概就是毛茸茸的哺乳类，猫猫狗狗还是能够被驯化出来的。

所以，倘若恐龙未亡，现在在街口溜狗的，该是绿色的恐人们，而不是你我。

后记

这篇文章在《新京报》发表后，引起了很大的关注与争论，其焦点主要在于作者的这句："从伤齿龙只有3趾来看，恐人的数学一开始可能是6进制"，而栏目编辑又改为"从伤齿龙只有3趾的情况来看，"恐人"世界的数量单位肯定都是6进制，甚至60进制的，这显然有利于自然科学的发展。"

其实，所谓的"进制"，都是具有较高智慧的物种基于实用而发展出来的，最开始就是因为"简单"、容易操作才被应用，这也是基于倘若恐龙没有灭绝而进行猜想后得出的结论，既然是高智慧动物，为什么不能选择它们喜欢的进制呢?

目前，军队大多采用的就是不太严谨的3进制：3个班是1个排，3个排是1个连，3个连是1个营，3个营是1个团，3个团是1个师，3个师是1个军。

60进制是古巴比伦人使用的，至今人类在记录时间及角度时，仍然在采用这种60进制。60可以被2、3、4、5、6、10、12、15、20、30整除，它所含因数有10个之多，在100以内的数中，它的因数是最多的，只有96可与之匹敌。但96比60大得多。这样，在分割60时，可较少地出现小数。这是60进制至今还在沿用的原因，目前，天文上星体的位置也是用60进制表示的。

伤齿龙生活场景复原图

第三乐章

四翼版本的始祖鸟

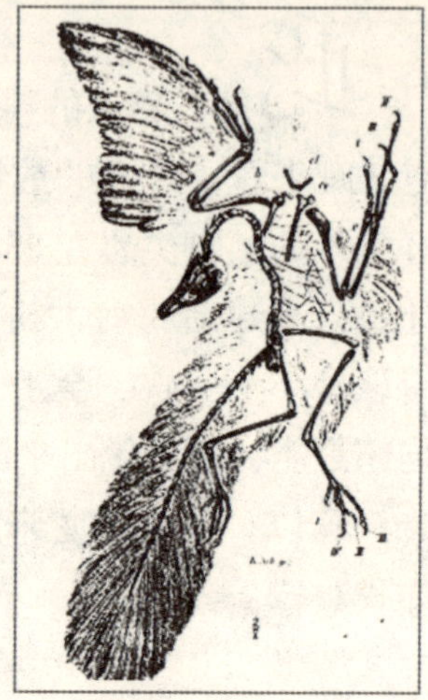

▼四翼版本的始祖鸟

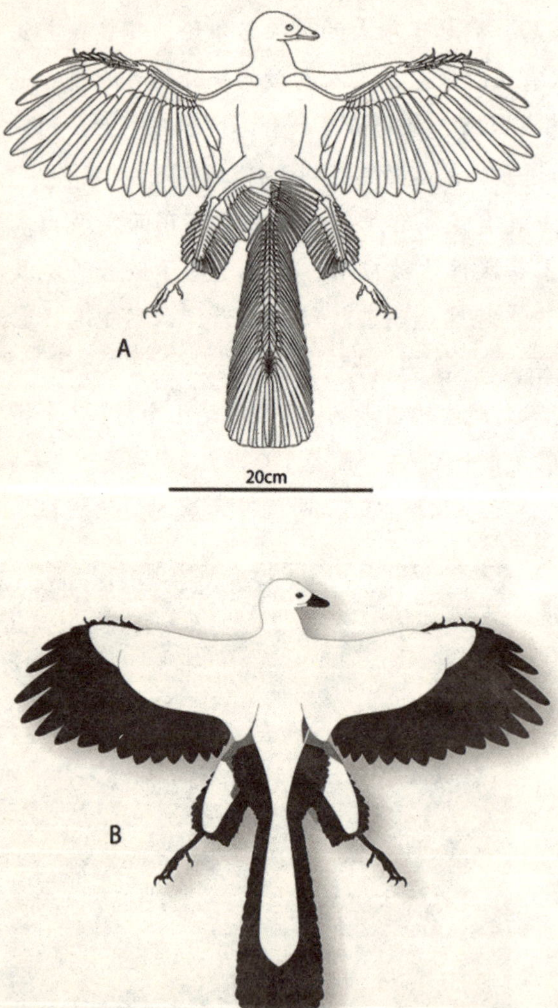

飞，是脊椎动物最美丽的梦想。脊椎动物从海洋爬上陆地后，仰望天空，心生羡慕，于是披上羽衣，飞向天空，曾经昆虫独霸的天空从此不再静寂。虽然现在我们还不能确切地知道鸟类究竟如何演化而来，但从化石中可知，早在中生代的侏罗纪就有了能够飞翔的动物，那就是始祖鸟。

始祖鸟是大家耳熟能详的古生物了，是迄今发现的最早出现的最原始的鸟类，因为具有一些爬行类的特征，所以被称为“被美化的爬行动物”，一度被认为是恐龙向鸟类演化的中间产物，但后来被认为是鸟类演化的一个旁支。在现代人类社会，它最早出现在小学的自然课本中，随着义务教育的普照四方，扎根孩童心中。

▲始祖鸟柏林标本

不过，课本上的始祖鸟照片，并不是第一件始祖鸟化石（伦敦标本），而是在第一件始祖鸟化石发现16年后，1877年，在距前一标本产地约10千米处，矿工采到的第二件始祖鸟化石。此标本比伦敦标本更漂亮、完整，被视为始祖鸟最典型的标本，该标本现保存在柏林博物馆，所以称为柏林标本，这也就是我们教科书中的光辉形象。

一百多年来，各国的古生物学家孜孜不倦地趴在此标本边仔细观察，从放大镜到电子显微镜，生怕漏下一点有用的信息。2005年底，著名古鸟类学家，美国堪萨斯大学生态学与进化生物学系的老马丁又看出了点门道，他发现始祖鸟前肢上的软组织与现生鸟类几乎一样，其本质结构上是相当进步的。这就推翻了以前部分古生物学家认为始祖鸟可以用前肢捕猎的观点，因为它的手骨缺乏有效的握力，不能用于捕抓猎物。始祖鸟发达的、布满利齿的大口也从另一个角度辅证了这个新观点。如此，始祖鸟的手骨就只能用于辅助爬升了，比如在林木上攀爬。看来，有了易于飞行的翅膀，就要在另一方面付出一些代价。

▼美国堪萨斯大学生态学与进化生物学系的马丁

▲正在野外发掘现场工作的中国古生物学家徐星博士

著名的物种总是引起关注，就像明星一般，不过这方面的狗仔队不是小报记者，而是古生物学家。上周，加拿大卡尔加里大学生物科学系的博士生隆格里奇就分析了始祖鸟（柏林标本）后肢羽毛的形态和功能，为一个古老而新潮的假说提供了证据。

早在一世纪前，就有学者提出鸟类的一个演化阶段是四翼的形态，但渐渐被遗忘了。

直到 2003 年，中国科学院古脊椎动物与古人类研究所的徐星研究员宣布，他们在辽宁省大平房镇发现了一种长着 4 个翅膀的树栖性恐龙，化石被命名为顾氏小盗龙。这只身长 77 厘米的小家伙，利用四肢覆盖的羽毛，可以从一棵树滑翔到另外一棵树。这是我国发现的第一只会飞的恐龙，而且是一只四翼恐龙。这只顾氏小盗龙生活在距今 1.20 亿年前的早白垩世，之所以认定它是树栖性恐龙，除了爪子的弯度等专业研究之外，确实也难以想象顾氏小盗龙拖着两脚羽毛在地面狂奔的场景。

而隆格里奇此次也宣称始祖鸟也是用四翼飞行，前后肢并用一起上。其实，始祖鸟“多翅”的四翼观点已经提出有一个世纪了，但同样没有受到太多的关注，这可能是因为我们总是期待事物向我们所希望的方向发展，而不是老独辟新径。就像家长们希望自己的孩子上清华、北大，而不是辍学去打桌球，即使像丁俊晖那样也不行。而我们都知道鸟没有 4 片翅膀，所以也不要始祖鸟具有 4 片翅膀，即使它的化石就在眼皮底下。

好在顾氏小盗龙敢冒天下之大不韪，很清晰地展示了自己的 4 片翅膀，这才引起了古生物家的重视，并开始重新检视此前的各类标本。

▲珍贵的孔子鸟化石

▲小盗龙显著的四翼

◀顾氏小盗龙化石

隆格里奇在电子显微镜下仔细观察了始祖鸟的后肢羽毛，发现这些羽毛酷似现代鸟类的飞羽而不是正羽，比如具有曲线轴、平衡交迭、风向不对称的特征，并且构成飞羽的平行羽支要比另一侧的更长，而且覆盖始祖鸟后肢的羽毛是从胫骨、胫骨及大腿骨靠近尾巴部分的区域伸出。这就是一个活生生的四翼构造。

接着，隆格里奇用数学模型来检验始祖鸟的后肢是如何影响飞行的，结果发现其后肢占了飞行翼面约 12%的面积，这在始祖鸟减速时可以有效降低 6%的速度，增加在空中停留的时间。不仅如此，后肢的羽毛还有利于始祖鸟在飞行时急速转向，这可以大大提高始祖鸟捕抓猎物的机动能力，并有效逃避猎食者的追捕以及飞越杂乱的树丛。同时，增加停空时间意味着始祖鸟有更多的时间可以避开障碍物并安全着陆。

◀一飞冲天的小盗龙形态复原图

可见，始祖鸟这种早期鸟类与一些驰龙科成员（如顾氏小盗龙）一样，在没有进化出主动飞行能力之前，它们只能在树上栖息并在空中滑翔。

其实，飞行便是如此单纯。从始祖鸟到顾氏小盗龙，从顾氏小盗龙到孔子鸟，它们不断追寻最有效率的飞行机制，尝试各种变化，从四翼到双翼，终究占据了我们的整片天空。

第四乐章

我们"烤"出三个亚洲之最

亚洲肩棘最大的剑龙

▲徐星在新疆挖掘化石的场景

"立达，帮我查一下巨棘龙的肩棘长度，就是欧阳辉博士之前研究的。"中科院古脊椎所的徐星研究员从新疆奇台县恐龙沟打来电话，他的"新疆队"正在冒着酷暑追猎恐龙。徐星沙哑的声音里透出些许期待："我们刚刚发现了一个长 1.37 米的肩棘，不知道是不是比巨棘龙的长?"我查了查，产自四川的巨棘龙其肩棘长约 1.3 米，比新发现的小一些，看来新疆这方古生物圣地又出了一个"之最"———肩棘最大的剑龙。

这样的意外之喜是古生物学者的经历中一种最高的奖励，让人浮想，冥冥之中或许真有幸运女神。

◀剑龙

▲剑龙之敌，残暴的肉食杀手——亚洲气龙（图片选自航空工业出版社：《恐龙真相》）

巨棘龙属于剑龙类，这类恐龙有着与体型相比极为小巧的脑袋，试想，一头2.5吨的庞然大物，其脑容竟然比狗脑还小，所以它长期背负着最笨恐龙的头衔。其实笨又如何呢，它们优哉游哉活了几千万年，而我们人类能不能延续这么久还是未知数。

剑龙也是非常有趣的恐龙，它的拉丁文学名“Stegosaurus”，其意思就是“有屋顶的蜥蜴”，顾名思义，20片高76厘米的大型骨板分布在剑龙的脊椎上，就像屋顶的瓦片。

剑龙类的分布很广，但其生活环境并不安全，肉食性恐龙高手云集，北美洲的异龙、亚洲的气龙……这些对任何肉类都感兴趣的残暴杀手整天打着剑龙的主意。好在剑龙已经发展出一套独特的防御方式。当遭受捕食者攻击时，剑龙用背上的骨板护住身体，同时用带有4枚长刺的尾巴抽打对方！

这样的防御方式虽不能轻易杀死捕食者，但却足以产生威慑效果。

设想一下，谁会去踩四颗图钉呢？而本次新疆发现的肩棘则是亚洲剑龙类独有的一种杀手锏——1.37米的肩棘从肩部伸出，为剑龙脆弱的侧面提供了良好的保护。

▲背上长着巨大骨板的剑龙，令对手望而却步

亚洲最长的马门溪龙

▲马门溪龙的脊椎化石

不过，这块大肩棘还不是本次挖掘的重点，本次最大的看点是两条蜥脚类恐龙。新疆新发现的马门溪龙，体长达35米，是迄今为止亚洲最长的恐龙。宁夏的叉龙类，则是亚洲第一次发现的梁龙超科恐龙。这在学术上都有很大的意义，所以也吸引了很多媒体跟风报道，甚至提出了很多“恐龙为何灭绝”、“恐龙如何复活”等风马牛不相及的噱头。我可怜这些新发现的恐龙们，它们又不得不背负起破解这些恶俗刁钻谜团的重任。

蜥脚类恐龙，这个名词看上去很专业，事实上也不容易找到一个能适用于此类恐龙的定义，但它们的共同点至少是：脑袋极小，脖子与尾巴很长，趋于巨型，腿如立柱，脚短小，最后还有一点猛料：它们前后脚的拇指各长着一枚特别粗壮有力的大爪，显然是防御用。蜥脚类有几个特别有名的物种，比如马门溪龙、迷惑龙（雷龙）、腕龙、圆顶龙和巨龙。它们各有千秋，各有粉丝（Fans）。

马门溪龙是中国的特产，也是中国最著名的恐龙，此前发现的最大的一种是中加马门溪龙，其颈肋长1.4米，推测身长约26米~30米。它是中国－加拿大恐龙考察队1987年夏季开始，耗费3年，用打眼放炮的土办法“炸”出来的。

而本次挖掘的地点恰好就在距离中加马门溪龙化石点100多米的小山包上，科学就是这般机缘巧合。新的马门溪龙化石更加庞大，从已发现的化石推断，它的脖子长达15米，总长至少有35米！这比中加马门溪龙还长5米，刷新了亚洲最长恐龙的纪录。

▲有着超长脖颈的马门溪龙复原图

亚洲首个梁龙超科恐龙

至于宁夏灵武南磁湾，挖掘结果同样让人兴奋不已，因为这里挖到亚洲从未发现过的梁龙类恐龙。

梁龙类的各大属种以前只在北半球的美国、加拿大，南半球的坦桑尼亚、阿根廷发现过，亚洲一直没有发现。现在我们发现了梁龙类的分支———叉龙类；这在北半球尚属首次。

叉龙类在宁夏的发现不仅为梁龙类的演化和分布提供了新的信息，而且间接地为大陆漂移说提供了证据。

▶宁夏灵武梁龙化石发掘现场

◀宁夏灵武发掘出的巨大的梁龙骨骼化石

最大的期待不是恐龙

以上就是古生物学者在滚烫的戈壁“烤”出来的战绩，在满足了大家对“之最”的猎奇之后，更艰苦的工作还要继续。我们长年在此劳作，其实是有更大的期待：我们期望找到恐龙和鸟之间“缺失的一环”！

目前辽宁那些披羽飞天恐龙，其年代晚于德国的始祖鸟，所以不可能是鸟类的祖先，而在新疆这块宝地，则有可能找到鸟类真正的祖先，此意义远远大于那些“之最”。但很遗憾，7 年来我们进展缓慢，只找到一些零碎的骨骼化石。

在此，我衷心期望，那些从恐龙化身翼鸟的探路生灵们，能在本次轰轰烈烈的恐龙大宣传中体会到我们的诚意，早日现身于此，让我们描绘的进化之路更加完善，让古生物大世界更加完美。

本书还将随《新京报》专栏的刊出而陆续推出续集，敬请期待。

To be continue……

图书在版编目(CIP)数据

化石真相：206块骨头之外的生命传奇/邢立达著.
--北京 ：航空工业出版社，2007.6（2011.7 重印）
ISBN 978-7-80183-935-0

Ⅰ. ①化… Ⅱ.①邢… Ⅲ.①化石—普及读物 Ⅳ.
①Q911.2-49

中国版本图书馆CIP数据核字(2011)第050614号

化石真相
Huashi Zhenxiang

航空工业出版社出版发行
（北京市安定门外小关东里14号 100029）
发行部电话：010-64815521 010-64978486

北京朝阳新艺印刷有限公司印刷 全国各地新华书店经售
2007年6月第1版 2011年7月第8次印刷
开本：787×1092 1/16 印张：10 字数：260千字
印数：66001—71000 定价：29.50元